黄龙风景区常见鸟类图集

HUANG LONG FENG JING QU CHANG JIAN NIAO LEI TU JI

黄龙国家级风景名胜区管理局 ◎ 著

中国海洋大学出版社
·青岛·

图书在版编目（CIP）数据

黄龙风景区常见鸟类图集 / 黄龙国家级风景名胜区管理局著．— 青岛：中国海洋大学出版社，2020.6

ISBN 978-7-5670-2516-5

Ⅰ．① 黄… Ⅱ．① 黄… Ⅲ．① 鸟类－松潘县－图集 Ⅳ．① Q959.708-64

中国版本图书馆 CIP 数据核字（2020）第 101013 号

出版发行	中国海洋大学出版社		
社　　址	青岛市香港东路 23 号	邮政编码	266071
出 版 人	杨立敏		
策 划 人	王　炬		
网　　址	http://pub.ouc.edu.cn		
电子信箱	tushubianjibu@126.com		
订购电话	021-51085016		
责任编辑	由元春	电　话	0532-85902495
印　　制	西南交通大学印刷厂		
版　　次	2020 年 7 月第 1 版		
印　　次	2020 年 7 月第 1 次印刷		
成品尺寸	210 mm×285 mm		
印　　张	11		
字　　数	216 千		
印　　数	1～1000		
定　　价	198.00 元		

编委会

蓝马鸡

雉鹑

藏黄雀

黑头噪鸦

前　言

　　黄龙省级自然保护区建立于 1983 年，总面积 55050.5 公顷，是世界上 34 个生物多样性热点地区之一。在几十年的发展历程中，野生动植物保护工作始终是这里一切工作的重中之重。建立之初，因为条件和技术所限，仅对重要的大型哺乳动物和珍稀植物做了一些调查工作，而对鸟类及其他物种记录较少。近 10 年来，随着社会发展，国家对生态也越发重视，主管部门陆续投入了大量资金，加强对黄龙省级自然保护区本地资源的调查，以期为政策制定和更好地推进保护工作提供基础数据。为此，黄龙省级自然保护区先后开展了多项监测，对本地资源进行了两次详细的普查，这当中就包括对鸟类的普查。

　　2001 年四川省林业科学研究院对黄龙省级自然保护区开展综合科学考察，经过调查访问、查询历史文献等方法初步确认黄龙省级自然保护区有鸟类 12 目 37 科 183 种。这是黄龙省级自然保护区第一次较为系统的记录。但这些记录因缺少图片，为后续工作的开展带来了诸多不便。

　　黄龙国家级风景名胜区与黄龙省级自然保护区辖区行政管理重叠。近年来，黄龙国家级风景名胜区管理局在上级主管部门的关心支持下，加强了保护工作，购买了较为先进的监测设备。这些设备的投入，为全面记录黄龙国家级风景名胜区的鸟类奠定了基础。2012 年起，鸟类监测工作持续开展，观鸟队伍逐渐壮大，大量鸟种被发现并记录。以邓真言培为首的工作人员，在近 10 年的时间里，用相机拍摄了黄龙国家级风景名胜区的 100 多种鸟。拍摄工作诸多艰辛，记录下来实属不易，将这 200 多幅彩色照片整理出来，并参考专业书籍，撰写成《黄龙风景区常见鸟类图集》，既是我们辛勤工作的阶段性总结，也为我们的保护工作提供参考，期望能与同行交流。

　　在本书的编撰过程中，得到了四川省林草局古晓东和四川大学冉江洪的大力支持。在鸟类鉴定中，得到国内同行的无私帮助。收获颇多，限于篇幅，就不一一具名，在此一并致谢。

　　限于作者水平，不足之处在所难免，请各位方家批评指正。

编委会

2019 年 9 月

内容简介

本书主要介绍了黄龙国家级风景名胜区范围内分布的常见鸟类。本书图片是采用长焦拍摄的方式，突出重点，清晰明了地显示鸟类特征。本书严格按照鸟类分类学知识描述每种鸟，便于读者通过查阅本书中每种鸟的特征性图片及相关文字描述对鸟类进一步鉴别。

本书适合鸟类爱好者以及鸟类分类、生态学方面的人员参考阅读。

鸟类名词和术语解释

1. 额：与上嘴基部相连的头的最前部。

2. 头顶：位于额后，为头的正中部。

3. 眉纹：位于眼上方的类似"眉毛"的斑纹。

4. 枕：头的最后部。

5. 眼先：位于眼前，嘴角上方。

6. 颈：可分为前颈、后颈和颈侧。前颈是颈的前部，前（上）接喉部。后颈分为上颈和下颈，上颈即后颈的前（上）部，前接枕部；下颈为后颈的后（下）部，后接背部。颈侧即颈部两侧。

7. 嘴：上嘴（又称上喙）、下嘴（又称下喙）、嘴端、嘴角、蜡膜等的总称。上嘴为嘴的上半部，其基部与额相接。下嘴为嘴的下半部，其基部与颏相接。嘴端即嘴的前端。嘴角为上下嘴基部相接之处。蜡膜是上嘴基部（包括鼻孔）裸出的蜡状或肉质的结构。

8. 颊：头侧面的眼下部分，下接喉部。

9. 喉：紧接颏部的羽区。

10. 颊纹：自前向后贯穿颊的纵纹。

11. 髭纹：从下嘴基向后延伸，介于颊和喉之间的纹。

12. 肩：位于背部两侧，即两翼的基部。此部羽毛呈覆瓦状排列，称肩羽。

13. 背：占据两翼之间的前部。可分为上背与下背，前者前接下颈，后者后接腰部。

14. 胸：为躯干下面的前部，前接前颈（颈长者）或喉部（颈短者），后接腹部。可分为前胸（上胸）和后胸（下胸）。

15.腹：胸部以后至尾下覆羽前的羽区，以泄殖腔孔为后界。

16.胁：体侧，相当于肋骨所在区域。

17.腰：下背部之后，尾上覆羽前的羽区。

18.上体：身体的上表面，即头、颈及躯干等部位的上面。

19.下体：身体的下表面，由喉部至尾下覆羽。

20.脚：跗跖、趾和爪的总称。跗跖是鸟类的腿以下到趾之间的部分，通常没有羽毛，表皮角质鳞状。

21.飞羽：构成飞翔器官的主要部分，有初级、次级和三级之别。

22.覆羽：覆于飞羽的基部，翼的上下两面均有，在上面的称为翼上覆羽，在下面的称为翼下覆羽。翼上覆羽依其排列次序又可分为初级覆羽、次级覆羽。次级覆羽可再分为大覆羽、中覆羽、小覆羽。

23.尾羽：左右成对着生，故尾羽均为偶数（8～26枚），大多数鸟类为12枚。其计数顺序是从中央到外侧，即中央尾羽为第一对，这与大多数种类的换羽顺序一致。

24.尾部覆羽：覆于尾羽的基部，分为尾上覆羽、尾下覆羽、尾侧覆羽。

25.翼镜：雁鸭类的次级飞羽及邻近的大覆羽常为具有金属光泽的蓝色、绿色或其他颜色，与翼上其他飞羽、覆羽羽色相异，该部分被称为翼镜。不同种类翼镜颜色有所差异，为本类群重要的辨识特征之一。

26.留鸟：终年栖息于同一地区，不进行迁徙的鸟类。

27.夏候鸟：夏季在某一地区繁殖，秋季离开到南方过冬，春天再次返回这一地区繁殖的鸟类。

28.冬候鸟：冬季在某一地区越冬，春季飞往北方繁殖，至秋季又再次返回这一地区越冬的鸟类。

29.旅鸟：候鸟迁徙时，途径某一地区，不在此地繁殖或越冬的鸟类。

目录
Contents

八、佛法僧目 CORACIIFORMES

戴胜科 Upupidae

九、䴕形目 PICIFORMES

啄木鸟科 Picidae

十、雀形目 PASSERIFORMES

百灵科 Alaudidae

鹡鸰科 Motacillidae

鹎科 Pycnontidae

伯劳科 Laniidae

椋鸟科 Sturnidae

鸦科 Corvidae

河乌科 Cinclidae

鹪鹩科 Troglodytidae

岩鹨科 Prunellidae

鹟科 Muscicapidae

鸫亚科 Turdinae

池鹭

【学名】*Ardeola bacchus*

【分类】鹭科池鹭属

【特征】体长约47厘米。头、羽冠及后颈栗红色，羽枝分散呈发状，羽冠延伸至背部，肩部有蓝黑色蓑状羽伸至尾羽末端，上体余部及尾羽均乳白色，两翼白色，眼先橄榄绿色；颏、喉白色，胸羽红栗色呈长矛状，胸侧有蓝灰色蓑羽，下体余部乳白色。幼鸟：头、颈黑褐色，密布土黄色纵纹。虹膜——褐色；嘴——黄色（冬季）；腿及脚——绿灰色。

【迁徙】留鸟，部分迁徙。

【生活习性】栖息于稻田、池塘、湖泊、水库和沼泽湿地等水域。以动物性食物为主，兼食少量植物性食物。

【保护状况】

（1）列入2016年《世界自然保护联盟濒危物种红色名录》（ver3.1）：无危（LC）。

（2）列入中国国家林业局2000年8月1日发布的《国家保护的有益的或者有重要经济、科学研究价值的陆生野生动物名录》。

拍摄于黄龙国家级风景名胜区。

牛背鹭

【学名】*Bubulcs ibis*

【分类】鹭科牛背鹭属

【特征】体长约50厘米，白色。与其他鹭相比嘴较短厚；夏季头、颈橙黄色，背有橙黄色蓑羽达至尾端，前颈蓑羽达至胸部，其余体羽乳白色；冬季体羽全白色。虹膜——黄色；嘴——黄色；脚——近黑色。

【迁徙】留鸟，部分迁徙。

【生活习性】栖息于村寨区的竹林，常同白鹭混群营巢。食蛙、蝗虫、甲虫、瓢虫、地老虎及水生昆虫等。

【保护状况】列入2016年《世界自然保护联盟濒危物种红色名录》（ver3.1）：无危（LC）。

拍摄于黄龙国家级风景名胜区。

白鹭

【学名】 *Egretta garzetta*

【分类】鹭科白鹭属

【特征】体长约60厘米，白色。体形纤瘦，繁殖羽纯白色，颈背具细长饰羽，背及胸具蓑状羽；非繁殖期眼先黄绿色，繁殖期为淡粉色。虹膜——黄色；嘴——黑色；腿及脚——黑色，趾黄色。

【迁徙】常见留鸟及候鸟。

【生活习性】喜稻田、河岸、沙滩、泥滩及沿海小溪流。成散群进食，常与其他种类混群。

【保护状况】

（1）列入2016年《世界自然保护联盟濒危物种红色名录》（ver3.1）：无危（LC）。

（2）列入2000年《华盛顿公约》（CITES）附录Ⅲ级保护动物。

拍摄于黄龙国家级风景名胜区。

赤麻鸭

【学名】*Tadorna ferruginea*

【分类】鸭科麻鸭属

【特征】体长约63厘米，橙栗色。头、颈上部棕白色，颈下部、肩、背栗棕色。雄鸟颈基有一黑褐色领环，腰浅棕色，具虫蠹状斑纹，尾上覆羽、尾羽均黑色，两翼初级飞羽、小翼羽黑色，外侧次级飞羽外翈铜绿色，形成翼镜，内翈灰褐色，具白色斑块，翼上覆羽白色；下体均为栗棕色，上胸、下腹及尾下覆羽颜色更暗。虹膜——褐色；嘴——近黑色；脚——黑色。

【迁徙】冬候鸟。

【生活习性】栖息于江河、湖泊、河口、水塘及其附近的草原、荒地、沼泽、沙滩、农田和平原疏林等。主要以水生植物等植物性食物为食，也吃昆虫、甲壳动物、软体动物等动物性食物。

【保护状况】

（1）列入2016年《世界自然保护联盟濒危物种红色名录》（ver3.1）：无危（LC）。

（2）列入中国国家林业局2000年8月1日发布的《国家保护的有益的或者有重要经济、科学研究价值的陆生野生动物名录》。

拍摄于黄龙国家级风景名胜区。

高山兀鹫

【学名】*Gyps himalayensis*

【分类】鹰科兀鹫属

【特征】体长约120厘米，浅土黄色。头和上颈被黄白色毛状短羽，下颈转为白色绒颈羽；翎领转为披针状的淡黄色长羽；上体及翼上中覆羽、小覆羽黄褐色；羽心褐色，在肩部形成不规则的块斑；小翼羽、初级覆羽、大覆羽、飞羽和尾羽黑褐色，三级飞羽有黄白色的羽端；胸被一团淡褐色绒羽，其外周为白色绒羽；下体余部黄白色，向后逐渐变白色，胸侧各羽有不明显的白色纵纹。虹膜——橘黄色；嘴——灰色；脚——灰色。

【迁徙】留鸟。

【生活习性】栖息于海拔2500~4500米的高山、草原及河谷地区。主要以腐肉和尸体为食，一般不攻击活动物。

【保护状况】

(1) 列入1989年《国家重点保护野生动物名录》：国家二级保护动物。

(2) 列入2017年《世界自然保护联盟濒危物种红色名录》（ver3.1）：近危（NT）。

(3) 列入1998年《中国濒危动物红皮书》等级：稀有。

(4) 列入1997年《华盛顿公约》（CITES）附录Ⅱ级保护动物。

拍摄于黄龙国家级风景名胜区。

秃鹫

【学名】*Aegypius monachus*

【分类】鹰科秃鹫属

【特征】体长约100厘米，深褐色。头部为深褐色的绒羽，枕部羽色稍淡，颈裸出，铅蓝色；皱翎白褐色；上体深褐色；翼上覆羽深褐色，初级飞羽黑褐色；下体深褐色，胸前具绒羽，两侧具矛状羽；胸、腹深褐色具褐色纵纹；尾下覆羽褐白色。虹膜——深褐色；嘴——黑褐色，下嘴颜色较淡，蜡膜铅蓝色；脚——灰色。

【迁徙】留鸟。

【生活习性】主要栖息于低山丘陵和高山荒原与森林中的荒岩草地、山谷溪流和林缘地带。主要以大型动物的尸体和其他腐烂动物为食。

【保护状况】

（1）列入1989年《国家重点保护野生动物名录》：国家二级保护动物。

（2）列入2018年《世界自然保护联盟濒危物种红色名录》（ver3.1）：近危（NT）。

（3）列入1997年《华盛顿公约》（CITES）附录Ⅱ级保护动物。

拍摄于黄龙国家级风景名胜区。

喜山鵟

【学名】*Buteo burmanicus*

【分类】鹰科鵟属

【特征】体长约55厘米，红褐色。体色变化比较大，通常上体主要为深红褐色，颊侧皮黄色具近红色的细纹，栗色的髭纹显著；下体偏白色具棕色纵纹，两胁及大腿棕色；飞行时两翼宽而圆，初级飞羽基部具特征性白色块斑；尾近端处常具黑色横纹；在高空翱翔时两翼略呈V形。虹膜——黄色至褐色；嘴——灰色，嘴端黑色，蜡膜黄色；脚——黄色。

【迁徙】部分为冬候鸟，部分为旅鸟。

【生活习性】繁殖期间主要栖息于山地森林和林缘地带，从海拔400米的山脚阔叶林到2000米的混交林和针叶林地带均有分布。主要以各种鼠类为食。

【保护状况】

（1）列入1989年《国家重点保护野生动物名录》：国家二级保护动物。

（2）列入2016年《世界自然保护联盟濒危物种红色名录》（ver3.1）：无危（LC）。

拍摄于黄龙国家级风景名胜区。

红隼

【学名】*Falco tinnunculus*

【分类】隼科隼属

【特征】体长约33厘米，赤褐色。雄鸟：额棕白色；头顶、后颈蓝灰色，具黑褐色纵纹；背及翼上覆羽砖红色，具近似三角形黑色斑点；腰以后蓝灰色，尾具黑色次端斑和灰白色端斑；初级飞羽黑褐色，次级飞羽与背同色；眼先和肩纹棕白色，耳羽灰色，髭纹灰黑色；下体棕黄色，颏、喉苍白，胸部皮黄色具黑褐色纵纹。雌鸟：上体及尾红褐色，背和翼上覆羽具黑褐色横斑，尾的横斑较多，余似雄鸟。虹膜——褐色；嘴——灰色，嘴端黑色，蜡膜黄色；脚——黄色。

【迁徙】留鸟。

【生活习性】栖息于山地森林，尤以林缘、林间空地、疏林和有疏林生长的旷野、河岩、山崖。白天活动，低空飞行寻找食物，以鼠类为食。

【保护状况】

（1）列入1989年《国家重点保护野生动物名录》：国家二级保护动物。

（2）列入2016年《世界自然保护联盟濒危物种红色名录》（ver3.1）：无危（LC）。

拍摄于黄龙国家级风景名胜区。

斑尾榛鸡

【学名】*Tetrastes sewerzowi*

【分类】松鸡科榛鸡属

【特征】体长约33厘米，满布褐色横斑。雄鸟：头部具明显羽冠，黑色喉块外缘白色；上体多褐色而带黑色横斑；外侧尾羽有黑色次端斑和白色端斑；眼后有一道白线，肩羽具近白色斑块，翼上覆羽有白色端斑；下体胸部棕色，延伸至臀部近白色，并密布黑色横斑。雌鸟：色暗，喉部有白色细纹，下体多皮黄色。虹膜——褐色；嘴——黑色；脚——灰色。

【迁徙】留鸟。

【生活习性】分布于海拔2500～4000米处开阔地区的针叶林及灌丛。以植物芽、叶、种子为食。

【保护状况】中国中部特有种。

（1）列入1989年《国家重点保护野生动物名录》：国家一级保护动物。

（2）列入2017年《世界自然保护联盟濒危物种红色名录》（ver3.1）：近危（NT）。

拍摄于黄龙国家级风景名胜区。

高原山鹑

【学名】*Perdix hodgsoniae*

【分科】雉科山鹑属

【特征】体长约28厘米，灰褐色。具醒目的白色眉纹和特有的栗色颈圈，眼下有黑色点斑；上体黑色横纹密布，外侧尾羽棕褐色；下体黄白色，胸部具很宽的黑色鳞状斑纹并至体侧。虹膜——红褐色；嘴——角质绿色；脚——淡绿褐色。

【迁徙】留鸟。

【生活习性】栖息于海拔2500～5000米的高山裸岩、高山苔原高原和亚高山矮树丛和灌丛地区，有季节性垂直迁徙现象。

【保护状况】

（1）列入2016年《世界自然保护联盟濒危物种红色名录》（ver3.1）：无危（LC）。

（2）列入中国国家林业局2000年8月1日发布的《国家保护的有益的或者有重要经济、科学研究价值的陆生野生动物名录》。

拍摄于黄龙国家级风景名胜区。

藏雪鸡

【学名】*Tetraogallus tibetanus*

【分类】雉科雪鸡属

【特征】体长约53厘米，灰色、白色及皮黄色为主。头、胸及枕部灰色，喉白色，眉苍白，白色耳羽有时染皮黄色，胸两侧具白色圆形斑块；眼周裸露皮肤橘黄色；两翼具灰色及白色细纹，尾灰色且羽缘赤褐色；下体乳白色，有黑色细纹。虹膜——深褐色；嘴——黄色；脚——红色。

【迁徙】留鸟。

【生活习性】栖于多岩的高山草甸及流石滩，夏季高至海拔4500米，冬季下至海拔2500米。以植物的球茎、块根、草叶和小动物等为食。

【保护状况】

（1）列入1989年《国家重点保护野生动物名录》：国家二级保护动物。

（2）列入2016年《世界自然保护联盟濒危物种红色名录》（ver3.1）：无危（LC）。

拍摄于黄龙国家级风景名胜区玉翠峰。

蓝马鸡

【学名】*Crossoptilon auritum*

【分类】雉科马鸡属

【特征】体长约95厘米。通体蓝灰色，眼周裸皮红色；两簇白色耳羽呈短角状；飞羽深褐色，具蓝灰色外缘；尾羽特长，中央尾羽长而上翘，羽枝披散下垂，状如马尾。虹膜——橘黄色；嘴——粉红色；脚——红色。

【迁徙】留鸟。

【生活习性】喜10~30只成群活动。栖息于海拔2000~4000米的山地针叶林、混交林、高山森林、灌丛和苔原草地。以植物性食物为主，也食昆虫。

【保护状况】中国特有种。

（1）列入1989年《国家重点保护野生动物名录》：国家二级保护动物。

（2）列入2016年《世界自然保护联盟濒危物种红色名录》（ver3.1）：无危（LC）。

拍摄于黄龙国家级风景名胜区。

血雉

【学名】*Ithaginis cruentus*

【分类】雉科血雉属

【特征】体长约46厘米，似鹑类。雄鸟：具矛状长羽，羽冠蓬松，蜡膜、头侧、尾上覆羽、尾下覆羽与腿红色；头近黑色，具近白色羽冠及白色的细纹；上体多灰带白色细纹，下体沾绿色；胸部红色多变。雌鸟似雄鸟，但体色暗淡，多为蓝灰色或灰褐色，胸为皮黄色。虹膜——黄褐色；嘴——近黑色；脚——红色。

【迁徙】留鸟。

【生活习性】喜成群活动。栖息于雪线附近的高山针叶林、混交林及杜鹃灌丛中，海拔高度多在1700～3000米。以植物性食物为主，也食昆虫。

【保护状况】

（1）列入1989年《国家重点保护野生动物名录》：国家二级保护动物。

（2）列入1998年《中国濒危动物红皮书》等级：易危。

（3）列入1997年《华盛顿公约》（CITES）附录Ⅱ级保护动物。

拍摄于黄龙国家级风景名胜区。

雉鹑

【学名】*Tetraophasis obscurus*

【分类】雉科雉鹑属

【特征】体长约48厘米，灰褐色。上体大都褐色；头顶与两侧深灰色，头顶与枕羽中央有黑褐色纵纹；胸、腹褐灰色，胸羽具黑褐色纵纹，腹羽杂淡黄和棕色；腰及翼覆羽棕色，外侧飞羽具白基，在翼上形成大白斑。虹膜——褐色；嘴——灰色；脚——深红色。

【迁徙】留鸟。

【生活习性】喜活动于海拔4000米左右的松、杉林或针阔混交林及杜鹃灌丛中的多岩地区。主要以植物的根、叶、芽、果实与种子为食，也吃少量昆虫。

【保护状况】中国特有鸟类。

（1）列入1989年《国家重点保护野生动物名录》：国家一级保护动物。

（2）列入2016年《世界自然保护联盟濒危物种红色名录》（ver3.1）：无危（LC）。

拍摄于黄龙国家级风景名胜区。

雉鸡

【学名】*Phasianus colchicus*

【分类】雉科雉属

【特征】雄鸟：体长约85厘米，头部具黑色光泽，有显眼的耳羽簇，宽大的眼周裸皮鲜红色；身体披金挂彩，满身点缀着发光羽毛，从墨绿色至铜色至金色；两翼灰色，尾长而尖，褐色并带黑色横纹。雌鸟：体长约60厘米，羽色不如雄鸟艳丽，周身密布浅褐色斑纹。被赶时迅速起飞，飞行快，声音大。虹膜——黄色；嘴——角质色；脚——灰褐色。

【迁徙】留鸟。

【生活习性】多活动于海拔3200米以下的荒坡草灌丛。杂食性，食种子，偶食昆虫。

【保护状况】

（1）列入2016年《世界自然保护联盟濒危物种红色名录》（ver3.1）：无危（LC）。

（2）列入中国国家林业局2000年8月1日发布的《国家保护的有益的或者有重要经济、科学研究价值的陆生野生动物名录》。

拍摄于黄龙国家级风景名胜区。

孤沙锥

【学名】*Gallinago solitaria*

【分类】鹬科沙锥属

【特征】体长约29厘米，红褐色。比林沙锥体形略小，色较暗，斑纹较细；头顶两侧有较少近黑色条纹，嘴基灰色较深；飞行时脚不伸出于尾后；比扇尾沙锥、大沙锥或针尾沙锥色暗，黄色较少，颊部条纹偏白而非皮黄色；肩胛具白色羽缘，胸浅姜棕色，腹部多白色具红褐色横纹，飞行时翼下和次级飞羽后缘无白色。虹膜——褐色；嘴——橄榄褐色，嘴端色深；脚——橄榄色。

【迁徙】旅鸟。

【生活习性】栖息于山溪岸边、湿地及林间沼泽地。主要以蠕虫、昆虫、甲壳类、植物为食。

【保护状况】

（1）列入2016年《世界自然保护联盟濒危物种红色名录》（ver3.1）：无危（LC）。

（2）列入中国国家林业局2000年8月1日发布的《国家保护的有益的或有重要经济、科学研究价值的陆生野生动物名录》。

拍摄于黄龙国家级风景名胜区。

灰斑鸠

【学名】*Streptopelia decaocto*

【分类】鸠鸽科斑鸠属

【特征】体长约32厘米，褐灰色。头颈的背面和两侧均灰色，除额和头顶外，各部均染酒红色，后颈基部有半圈窄细的黑色领环，上体余部和肩葡萄褐色，中央尾羽似上体，外侧尾羽内翈基部转黑色，余部转灰而外缘葡萄褐色，最外侧2~3对的羽端近白色，三级飞羽和内侧翼上覆羽葡萄褐色，外侧翼上覆羽灰色，初级覆羽内翈黑褐色，初级飞羽黑褐色，次级飞羽灰色，羽端稍褐色；额、喉近白色，胸和腹鸽灰色，下体余部蓝灰色。虹膜——褐色；嘴——灰色；脚——粉红色。

【迁徙】留鸟。

【生活习性】相当温顺。栖息于灌木林、草地、农田及村庄。停栖于房子、电杆及电线上。以植物种子为食，偶食昆虫。

【保护状况】列入中国国家林业局2000年8月1日发布的《国家保护的有益的或者有重要经济、科学研究价值的陆生野生动物名录》。

　　拍摄于黄龙国家级风景名胜区。

岩鸽

【学名】*Columba rupestris*

【分类】鸠鸽科鸽属

【特征】体长约31厘米,灰色。翼上具两道黑色横斑;非常似原鸽,但腹部及背色较浅,尾上有宽阔的偏白色次端带,与灰色的尾基、浅色的背部形成鲜明对比。虹膜——浅褐色;嘴——黑色,蜡膜肉色;脚——红色。

【迁徙】留鸟。

【生活习性】群栖于多峭壁崖洞的岩崖地带。主要以杂草种子、昆虫为食。

【保护状况】列入2016年《世界自然保护联盟濒危物种红色名录》(ver3.1):无危(LC)。

拍摄于黄龙国家级风景名胜区。

大杜鹃

【学名】*Cuculus canorus*

【分类】杜鹃科杜鹃属

【特征】体长约32厘米。上体灰色，尾偏黑色，腹部近白色而具黑色横斑；"棕红色"变异型雌鸟为棕色，背部具黑色横斑；与四声杜鹃的区别在于虹膜黄色，尾上无次端斑；与雌性杜鹃的区别在于腰无横斑；幼鸟枕部有白色块斑。虹膜及眼圈——黄色；嘴——上嘴黑褐色，下嘴基部近黄色；脚——黄色。

【迁徙】夏候鸟。

【生活习性】从低山到海拔3800米均有分布，大多在针阔叶混交林至高山灌丛繁殖。食毛虫等小虫。鸣声洪亮而略似"布谷"。

【保护状况】

（1）列入2016年《世界自然保护联盟濒危物种红色名录》（ver3.1）：无危（LC）。

（2）列入中国国家林业局2000年8月1日发布的《国家保护的有益的或有重要经济、科学研究价值的陆生野生动物名录》。

拍摄于黄龙国家级风景名胜区。

小杜鹃

【学名】*Cuculus poliocephalus*

【分类】杜鹃科杜鹃属

【特征】体长约26厘米，灰色。雄鸟：腹部具横斑；上体灰色，头、颈及上胸浅灰色；下胸及下体余部白色具清晰的黑色横斑，臀部沾皮黄色；尾灰色，无横斑但羽端具白色窄边。雌鸟似雄鸟但也具棕红色变异型，全身具黑色条纹；眼圈黄色。虹膜——褐色；嘴——黄色，嘴端黑色；脚——黄色。

【生活习性】一般栖息于开阔的多树木地方以及多隐匿于茂密的簇叶中。

【保护状况】

（1）列入2016年《世界自然保护联盟濒危物种红色名录》（ver3.1）：无危（LC）。

（2）列入中国国家林业局2000年8月1日发布的《国家保护的有益的或有重要经济、科学研究价值的陆生野生动物名录》。

拍摄于黄龙国家级风景名胜区。

戴胜

【学名】*Upupa epops*

【分类】戴胜科戴胜属

【特征】体长约30厘米，色彩鲜明。额至枕羽棕黄色，缀有黑色端斑和白色次端斑，其余头颈及胸葡萄棕色，上背及小覆羽转为葡萄褐色，下背和肩黑褐色，具棕白色横斑，腰白色；尾黑色，有一道宽阔的白色横斑，其余翅羽黑色，大覆羽、中覆羽有白色端斑或横斑，三级飞羽有白色条纹，其余飞羽具白色横斑；腹白色，腹和胁有黑褐色纵纹。虹膜——褐色；嘴——黑色；脚——黑色。

【迁徙】常见留鸟和候鸟。

【生活习性】分布于海拔2400米以下的林带或森林中并繁殖。以昆虫为食，兼食蚯蚓、植株、螺类。

【保护状况】列入2016年《世界自然保护联盟濒危物种红色名录》（ver3.1）：无危（LC）。

　　拍摄于黄龙国家级风景名胜区。

大斑啄木鸟

【学名】*Dendrocopos major*

【分类】啄木鸟科啄木鸟属

【特征】体长约24厘米，黑白相间。雄鸟枕部具狭窄红色带而雌鸟无。两性臀部均为红色，但带黑色纵纹的近白色胸部上无红色或橙红色，以此有别于相近的赤胸啄木鸟及棕腹啄木鸟。虹膜——近红色；嘴——灰色；脚——灰色。

【迁徙】留鸟。

【生活习性】栖息于海拔3600米以下的阔叶林顶部及针阔叶混交林带，夏季上升至暗针叶林带的顶部。食树干的害虫和野果。

【保护状况】

（1）列入2016年《世界自然保护联盟濒危物种红色名录》（ver3.1）：无危（LC）。

（2）列入中国国家林业局2000年8月1日发布的《国家保护的有益的或者有重要经济、科学研究价值的陆生野生动物名录》。

拍摄于黄龙国家级风景名胜区。

三趾啄木鸟

【学名】*Picoides tridactylus*

【分类】啄木鸟科啄木鸟属

【特征】体长约23厘米，黑白色。头顶前部黄色（雌鸟白色），仅具三趾；体羽无红色，上背及背部中央部位白色，腰黑色；三趾啄木鸟西南亚种的腰褐色，背部仅上背白色，下体褐色较浓。虹膜——褐色；嘴——黑色；脚——灰色。

【迁徙】留鸟。

【生活习性】夏季栖息于海拔2900～3100米的暗针叶林，冬季降至2500米左右的针阔叶混交林。食树干的害虫。

【保护状况】

（1）列入2016年《世界自然保护联盟濒危物种红色名录》（ver3.1）：无危（LC）。

（2）列入中国国家林业局2000年8月1日发布的《国家保护的有益的或者有重要经济、科学研究价值的陆生野生动物名录》。

拍摄于黄龙国家级风景名胜区。

小云雀

【学名】*Alauda gulgula*

【分类】百灵科云雀属

【特征】体长约15厘米，褐色斑驳而似鹨的鸟。全身羽毛黄褐色，略具浅色眉纹及羽冠；上体、双翼有纵斑纹，尾羽有白色羽缘；爪很长，很直。雄性和雌性的外貌相似。尾分叉，羽缘白色，后翼缘的白色于飞行时可见。虹膜——褐色；嘴——角质色；脚——肉色。

【迁徙】为四川的留鸟。

【生活习性】栖息于长有短草的开阔地区。以植物性食物为主，也吃部分昆虫。

【保护状况】

（1）列入2016年《世界自然保护联盟濒危物种红色名录》（ver3.1）：无危（LC）。

（2）列入中国国家林业局2000年8月1日发布的《国家保护的有益的或者有重要经济、科学研究价值的陆生野生动物名录》。

拍摄于黄龙国家级风景名胜区。

白鹡鸰

【学名】*Motacilla alba*

【分类】鹡鸰科鹡鸰属

【特征】体长约20厘米，黑色、灰色及白色为主。上体灰色，下体白色，两翼及尾黑白相间；冬季头后、颈背及胸具黑色斑纹但不如繁殖期扩展。虹膜——褐色；嘴——黑色；脚——黑色。

【迁徙】留鸟。

【生活习性】栖息于近水的开阔地带、稻田、溪流边及道路上。主要以昆虫为食，偶尔也食植物性食物。

【保护状况】

（1）列入2016年《世界自然保护联盟濒危物种红色名录》（ver3.1）：无危（LC）。

（2）列入中国国家林业局2000年8月1日发布的《国家保护的有益的或者有重要经济、科学研究价值的陆生野生动物名录》。

拍摄于黄龙国家级风景名胜区。

灰鹡鸰

【学名】*Motacilla cinerea*

【分类】鹡鸰科鹡鸰属

【特征】体长约19厘米，尾长，偏灰色。后爪短而弯曲。雄鸟（夏羽）：额至腰和肩灰褐色，尾上覆羽黄绿色，尾羽黑褐色，基部外缘黄绿色，最外侧3对尾羽逐渐变为全白，三级飞羽黑色而具白缘，其余翼羽表面深褐色；眼先黑色，眉纹和颧纹白色，其余头颈两侧灰褐色；额至上胸均黑色，下体余部鲜黄色。雌鸟（夏羽）：与雄鸟相似，但喉有白点。两性冬羽：额至上胸变白。虹膜——褐色；嘴——黑褐色；脚——粉灰色。

【迁徙】候鸟。

【生活习性】常单只栖息于海拔3100米以下的水边、湿地。主要以昆虫为食。

【保护状况】

（1）列入2017年《世界自然保护联盟濒危物种红色名录》（ver3.1）：无危（LC）。

（2）列入中国国家林业局2000年8月1日发布的《国家保护的有益的或者有重要经济、科学研究价值的陆生野生动物名录》。

拍摄于黄龙国家级风景名胜区。

布氏鹨

【学名】*Anthus godlewskii*

【分类】鹡鸰科鹨属

【特征】体长约18厘米。甚似田鹨及亚成体的平原鹨。较理氏鹨体小而紧凑，尾较短，腿及后爪较短，嘴较短而尖利；上体纵纹较多，下体常为较单一的皮黄色；中覆羽羽端较宽而成清晰的翼斑。与田鹨的区别在于叫声不同，体形较大，中覆羽斑纹不同且上体多纵纹。跗跖比田鹨和理氏鹨短，比平原鹨的幼鸟眼先色较淡且翼长，后爪较弯曲，嘴较短。虹膜——深褐色；嘴——肉色；脚——偏黄色。

【迁徙】候鸟。

【生活习性】喜旷野、湖岸及干旱平原。食物以昆虫为主。

【保护状况】列入2016年《世界自然保护联盟濒危物种红色名录》（ver3.1）：无危（LC）。

拍摄于黄龙国家级风景名胜区。

粉红胸鹨

【学名】*Anthus roseatus*

【科属】鹡鸰科鹨属

【特征】体长约15厘米，偏灰色而具纵纹。夏季额至后颈灰绿色，上体余部和肩橄榄褐色，头顶至背有黑褐色纵纹，尾羽黑褐色，外缘橄榄褐色，最外侧两对有楔形白斑，两翼表面黑褐色，大覆羽、中覆羽有棕白色羽端，小覆羽羽缘和其余翼羽外缘橄榄褐色；眉纹淡葡萄红色，耳羽灰绿色而杂白纹，眼先和颧纹均黑色；额至上腹葡萄红色，其后棕白色，胸侧有黑点，上腹和胁有黑褐色纵纹，腋羽鲜黄色；冬季体羽的葡萄红色几乎全部消失，胸具黑褐色纵纹。虹膜——褐色；嘴——灰色；脚——偏粉色。

【迁徙】留鸟。

【生活习性】常见于海拔2700～4400米的高山草甸及多草的高原。主要以昆虫为食，兼食一些植物性食物。

【保护状况】

（1）列入2016年《世界自然保护联盟濒危物种红色名录》（ver3.1）：无危（LC）。

（2）列入中国国家林业局2000年8月1日发布的《国家保护的有益的或者有重要经济、科学研究价值的陆生野生动物名录》。

拍摄于黄龙国家级风景名胜区。

领雀嘴鹎

【学名】*Spizixos semitorques*

【分类】鹎科雀嘴鹎属

【特征】体长约23厘米，偏绿色。嘴短而厚；头顶黑色，头后转为深灰色，背、腰及尾上覆羽橄榄绿色，尾鲜橄榄绿色，具黑褐色端斑，两翼黑褐色，表面鲜黄绿色；颊和耳羽黑色，杂以白色细纹；额、喉浅黑色，前颈具白色颈环，胸和胁淡橄榄绿色，腹和尾下覆羽鲜绿黄色。虹膜——褐色；嘴——浅黄色；脚——偏粉色。

【迁徙】留鸟。

【生活习性】常见于海拔2000米左右的山地森林和林缘地带。主要以植物性食物为主，也食少量昆虫。

【保护状况】我国特有鸟类。

列入中国国家林业局2000年8月1日发布的《国家保护的有益的或者有重要经济、科学研究价值的陆生野生动物名录》。

拍摄于黄龙国家级风景名胜区。

灰背伯劳

【学名】*Lanius tephronotus*

【分类】伯劳科伯劳属

【特征】体长约25厘米，尾长。额灰白色，头顶至腰灰色，尾上覆羽深棕色，中央尾羽黑褐色，隐约可见淡棕色横斑，外侧尾羽棕褐色，次级飞羽及大覆羽外缘棕黄色；眼先、眼周及耳羽黑色，眉纹灰白色，颈侧浅棕色；额、喉黄白色，胸和胁棕色，腹部中央棕白色，尾下覆羽浅棕色。虹膜——褐色；嘴——绿色；脚——绿色。

【迁徙】夏候鸟。

【生活习性】主要栖息于各植被类型的疏林地带。甚不惧人。以昆虫为食。

【保护状况】

（1）列入2016年《世界自然保护联盟濒危物种红色名录》（ver3.1）：无危（LC）。

（2）列入中国国家林业局2000年8月1日发布的《国家保护的有益的或者有重要经济、科学研究价值的陆生野生动物名录》。

拍摄于黄龙国家级风景名胜区。

灰椋鸟

【学名】*Sturnus cineraceus*

【分类】椋鸟科椋鸟属

【特征】体长约24厘米，棕灰色。雄鸟：额、头顶黑色杂以白色纵纹，后颈黑色，各羽呈矛状，上体余部灰褐色；尾上覆羽杂有白色，中央尾羽灰褐色，外侧尾羽黑褐色，端缘灰白色；飞羽黑褐色，外缘白灰而无光亮；翼上覆羽灰褐色；眼先、耳羽白色，杂有黑色纵纹，颈侧黑色；颏、喉黑褐色或灰褐色，胸灰褐色，腹灰白沾褐色，尾下覆羽灰白色。雌鸟：较雄鸟体色稍淡。虹膜——偏红色；嘴——黄色，尖端黑色；脚——橘黄色。

【迁徙】冬候鸟。

【生活习性】成对或结小群栖息于海拔1800米以下的阔叶林中，常见于树冠或农耕地中。整体飞动，有如波状。以昆虫为食。

【保护状况】列入2016年《世界自然保护联盟濒危物种红色名录》（ver3.1）：无危（LC）。

拍摄于黄龙国家级风景名胜区。

达乌里寒鸦

【学名】*Corvus dauuricus*

【分类】鸦科鸦属

【特征】体长约32厘米。外形、大小和羽色与寒鸦相似。全身主要为黑色，仅后颈有一宽阔的白色颈圈向两侧延伸至胸和腹部，在黑色体羽衬托下极为醒目；白色斑纹延至胸下。虹膜——深褐色；嘴——黑色；脚——黑色。

【迁徙】在中国繁殖的达乌里寒鸦均为留鸟，部分冬候鸟。

【生活习性】栖息于山地、丘陵、平原、农田、旷野等环境中。主要以蝼蛄、甲虫、金龟子等昆虫为食。

【保护状况】

（1）列入2016年《世界自然保护联盟濒危物种红色名录》（ver3.1）：无危（LC）。

（2）列入中国国家林业局2000年8月1日发布的《国家保护的有益的或者有重要经济、科学研究价值的陆生野生动物名录》。

拍摄于黄龙国家级风景名胜区。

渡鸦

【学名】*Corvus corax*

【分类】鸦科鸦属

【特征】体长约66厘米，全黑色。上体具紫蓝色金属光泽；下体色泽较暗；嘴粗厚；喉与胸前的羽毛长且呈披针状；鼻须长而发达，几乎盖到上嘴的一半。虹膜——深褐色；嘴——黑色；脚——黑色。

【迁徙】留鸟。

【生活习性】栖息于高山草甸和山区林缘地带。杂食性，主要取食小型啮齿类、小型鸟类、爬行类、昆虫和腐肉等，也取食植物的果实等。

【保护状况】

（1）列入2017年《世界自然保护联盟濒危物种红色名录》（ver3.1）：无危（LC）。

（2）列入中国国家林业局2000年8月1日发布的《国家保护的有益的或者有重要经济、科学研究价值的陆生野生动物名录》。

拍摄于黄龙国家级风景名胜区。

小嘴乌鸦

【学名】*Corvus corone*

【分类】鸦科鸦属

【特征】体长约50厘米，全黑色。嘴形较大嘴乌鸦细；后颈羽毛结实；喉和上胸的羽毛呈披针形；通体具蓝紫色金属光泽；下体羽色较上体暗。虹膜——褐色；嘴——黑色；脚——黑色。

【生活习性】喜结大群栖息。杂食性鸟类，以腐尸、垃圾等杂物为食，亦取食植物的种子和果实，是自然界的清洁工。

　　拍摄于黄龙国家级风景名胜区。

雀形目

PASSERIFORMES

47

黑头噪鸦

【学名】*Perisoreus internigrans*

【分类】鸦科噪鸦属

【特征】体长约30厘米，体形似乌鸦但较小。头至枕部近黑色，上体几乎全为深灰色；尾和两翼黑褐色；颊、颏和喉烟灰色，下体余部灰沾褐色。虹膜——褐色；嘴——橄榄色至角质色；脚——黑色。

【生活习性】栖息于亚高山针叶林海拔3050～4300米处，多单个或成对活动。杂食性鸟类。分布于中国中西部，不常见，为青海东南部、甘肃西部、四川北部及西藏东部的特有种。

【保护状况】

（1）列入2017年《世界自然保护联盟濒危物种红色名录》（ver3.1）：易危（VU）。

（2）列入中国国家林业局2000年8月1日发布的《国家保护的有益的或者有重要经济、科学研究价值的陆生野生动物名录》。

拍摄于黄龙国家级风景名胜区。

红嘴蓝鹊

【学名】*Urocissa erythrorhyncha*

【分类】鸦科蓝鹊属

【特征】体长约68厘米且具长尾，颜色亮丽。额、头顶和颈侧黑色，头顶各羽具淡蓝白色端斑，后颈中央蓝白色，上体及肩紫蓝沾褐色，尾上覆羽淡紫蓝色而具黑色端斑；尾羽紫蓝灰色，中央尾羽具白色端斑，外侧尾羽具白色端斑和黑色次端斑，两翼表面紫蓝色，多具白色羽端；颏、喉及胸黑色，胸以后白色沾棕。虹膜——红色；嘴——红色；脚——红色。

【迁徙】留鸟。

【生活习性】主要栖息于山区常绿阔叶林、针叶林、针阔叶混交林和次生林等各种不同类型的森林中。主要以动物性食物为食，也食植物性食物。

【保护状况】列入中国国家林业局2000年8月1日发布的《国家保护的有益的或者有重要经济、科学研究价值的陆生野生动物名录》。

　　拍摄于黄龙国家级风景名胜区。

红嘴山鸦

【学名】*Pyrrhocorax pyrrhocorax*

【分类】鸦科山鸦属

【特征】体长约45厘米。通体黑色，与一般乌鸦相同，但嘴形细长而曲，并呈红色。幼鸟两翼和尾闪烁着金属光泽，与成鸟一样，全身余部均纯黑褐色，而无辉亮。虹膜——偏红色；嘴——红色，幼鸟黄色；脚——红色。

【迁徙】留鸟。

【生活习性】栖息于海拔2000～4000米的河谷、高山灌丛和亚高山草甸地带。主要取食昆虫，也食少量种子。

【保护状况】列入2016年《世界自然保护联盟濒危物种红色名录》（ver3.1）：无危（LC）。

拍摄于黄龙国家级风景名胜区。

黄嘴山鸦

【学名】*Pyrrhocorax graculus*

【分类】鸦科山鸦属

【特征】体长约38厘米，黑色。黄色的嘴细而下弯，腿红色；似红嘴山鸦，但嘴较短而非红色；飞行时尾更显圆，歇息时尾显较长，远伸出翼后；飞行时两翼不成直角。幼鸟腿灰色，嘴上黄色较少。虹膜——深褐色；嘴——黄色；脚——红色。

【迁徙】留鸟。

【生活习性】主要栖息于海拔2500～5000米或更高的多峭壁山崖环境。杂食性，既食昆虫，也吃小型脊椎动物，植物性食物包括各种植物的浆果。

拍摄于黄龙国家级风景名胜区。

青藏喜鹊

【学名】*Pica bottanensis*

【分类】鸦科喜鹊属

【特征】体长约45厘米。通体除两肩、初级飞羽内翈和腹部为白色外，均为黑色；具黑色的长尾，两翼及尾黑色并具蓝色光泽；飞行时翼上白斑显露，易于识别。虹膜——褐色；嘴——黑色；脚——黑色。

【迁徙】常见留鸟。

【生活习性】活动于平原、山区、村庄附近的林缘和田野。食物包括昆虫、蛙、蜥蜴、鸟卵及农作物种子等。

　　拍摄于黄龙国家级风景名胜区。

河乌

【学名】*Cinclus cinclus*

【分类】河乌科河乌属

【特征】体长约20厘米，深褐色。额及喉至上胸具白色的大斑块；下背及腰偏灰色。通常深色型河乌的白色喉、胸斑块可能呈烟褐色，偶具浅色纵纹；浅色型河乌的喉、胸纯白色。虹膜——红褐色；嘴——近黑色；脚——褐色。

【迁徙】留鸟。

【生活习性】栖息于森林及开阔区域清澈而湍急的山间溪流，季节性垂直迁徙。身体常上下点动，做振翅炫耀，善游泳及潜水。以水生昆虫为食。

【保护状况】列入2018年《世界自然保护联盟濒危物种红色名录》（ver3.1）：无危（LC）。

拍摄于黄龙国家级风景名胜区。

鹪鹩

【学名】*Troglodytes troglodytes*

【分类】鹪鹩科鹪鹩属

【特征】体长约10厘米，褐色而具横纹及点斑。体背面棕褐色，背以后上体及尾和翼上覆羽满布黑褐色横斑，中覆羽具白端；两翼外侧横斑棕白色和黑褐色相间；眼先及耳羽褐色，杂以黄白色纵纹；颏、喉及胸黄褐色，具不甚显著的黑色杂斑；下体余部淡棕色，具明显的黑褐色横斑，尾下覆羽棕褐色，具黑褐色横斑和白色端斑。虹膜——褐色；嘴——褐色；脚——褐色。

【迁徙】留鸟。

【生活习性】栖息于灌丛中，夏季在海拔较高的地带活动，冬季迁至山麓和平原。以昆虫和蜘蛛为食。

【保护状况】列入2018年《世界自然保护联盟濒危物种红色名录》（ver3.1）：无危（LC）。

拍摄于黄龙国家级风景名胜区。

栗背岩鹨

【学名】*Prunella immaculata*

【分类】岩鹨科岩鹨属

【特征】体长约14厘米，灰色无纵纹。额苍白，由近白色的羽缘成扇贝形纹所致；背、三级飞羽、两胁深栗色；臀栗褐色，次级飞羽绛紫色。虹膜——白色；嘴——角质色；脚——浅褐色。

【迁徙】留鸟。

【生活习性】栖息于海拔2000～4000米的针叶林的潮湿林下植被，冬季于较开阔的灌丛。以昆虫和杂草种子及悬钩子等果实为食。

拍摄于黄龙国家级风景名胜区。

棕胸岩鹨

【学名】*Prunella strophiata*

【分类】岩鹨科岩鹨属

【特征】体长约16厘米，褐色具纵纹。眼先上具狭窄白线至眼后转为特征性的黄褐色眉纹，下体白色而带黑色纵纹，胸棕色。虹膜——浅褐色；嘴——黑色；脚——黄褐色。

【迁徙】不常见留鸟。

【生活习性】常集群栖息于山地灌丛草坡间。主要以植物种子和果实为食，亦食少量昆虫。

　　拍摄于黄龙国家级风景名胜区。

白顶溪鸲

【学名】*Chaimarrornis leucocephalus*

【分类】鸫亚科白顶溪鸲属

【特征】体长约19厘米，黑色及栗色为主。头顶至枕部白色，腰、尾上覆羽及腹部栗色。雄雌同色。亚成鸟色暗而近褐色，头顶具黑色鳞状斑纹。虹膜——褐色；嘴——黑色；脚——黑色。

【迁徙】留鸟。

【生活习性】常立于水中或于近水的突出岩石上，成对活动，不时地展开尾羽并上下摆动。以昆虫为食，兼食植物果实和种子。

拍摄于黄龙国家级风景名胜区。

白喉红尾鸲

【学名】*Phoenicurus schisticeps*

【分类】鸫亚科红尾鸲属

【特征】体长约15厘米，色彩鲜艳。具白色喉块，外侧尾羽的棕色仅限基半部。雄鸟：头顶灰色，额及眉纹的蓝色较鲜艳；上背灰黑色，下背棕色；尾多黑色；胸部、腹部及尾下覆羽为鲜艳的橙色；两翼多白色条纹，三级飞羽羽缘白色。雌鸟：头顶及背部冬季沾褐色；眼圈皮黄色；尾、白色喉块及翼上白色条纹同雄鸟。尚具点斑羽衣的幼鸟其白色喉块已清楚可辨。虹膜——褐色；嘴——黑色；脚——黑色。

【迁徙】留鸟。

【生活习性】夏季单独或成对栖息于亚高山针叶林的浓密灌丛，冬季常下至中低山和山脚地带活动。主要以昆虫为食，也食植物果实和种子。

拍摄于黄龙国家级风景名胜区。

黑喉红尾鸲

【学名】*Phoenicurus hodgsoni*

【分类】鸫亚科红尾鸲属

【特征】体长约15厘米，色彩浓艳。雄鸟：头侧、颏、喉为黑色；似北红尾鸲，但眉白色；颈背灰色延至上背，白色的翼斑较窄。雌鸟：似雌北红尾鸲但眼圈偏白色而非皮黄色，胸部灰色较重且无白色翼斑。虹膜——褐色；嘴——黑色；脚——近黑色。

【迁徙】留鸟。

【生活习性】栖息于山地灌丛及低矮树林。夏季在针叶林繁殖，冬季在阔叶林带活动。以昆虫为食。

【保护状况】列入2016年《世界自然保护联盟濒危物种红色名录》（ver3.1）：无危（LC）。

　　拍摄于黄龙国家级风景名胜区。

北红尾鸲

【学名】*Phoenicurus auroreus*

【分类】鸲亚科红尾鸲属

【特征】体长约15厘米，色彩艳丽。具明显而宽大的白色翼斑。雄鸟：眼先、头侧、喉、上背及两翼褐黑色，仅翼斑白色；头顶及颈背灰色而具银色边缘；中央尾羽黑褐色，体羽余部栗褐色。雌鸟：褐色，白色翼斑显著，眼圈及尾皮黄色似雄鸟，但色较暗淡；臀部有时为棕色。虹膜——褐色；嘴——黑色；脚——黑色。

【迁徙】留鸟。

【生活习性】夏季栖息于亚高山森林、灌木丛及林间空地，冬季栖息于低地落叶矮树丛及耕地。常立于突出的栖处，尾颤动不停。以昆虫为食，兼食杂草种子和小浆果。

【保护状况】列入2016年《世界自然保护联盟濒危物种红色名录》（ver3.1）：无危（LC）。

拍摄于黄龙国家级风景名胜区。

蓝额红尾鸲

【学名】*Phoenicurus frontalis*

【分类】鸫亚科红尾鸲属

【特征】体长约16厘米，色彩艳丽。雄雌两性中央尾羽及羽端黑褐色，尾羽余部橙棕色，形成明显的黑褐色倒T形。雄鸟：头、胸、颈及上背深蓝色，额及形短的眉纹蓝色；两翼黑褐色，羽缘褐色及皮黄色，无翼上白斑；腹部、臀及尾上覆羽橙褐色。雌鸟：褐色，眼圈皮黄色，与其他相似的红尾鸲雌鸟区别在于尾羽具深色端斑。虹膜——褐色；嘴——黑色；脚——黑色。

【迁徙】留鸟。

【生活习性】繁殖期间主要栖息于海拔2000~4200米的亚高山针叶林和高山灌丛草甸，尤以林线上缘多岩石的疏林灌丛和沟谷灌丛地区较常见，冬季多下到中低山和山脚地带。主要以昆虫为食，也吃少量植物果实与种子。

拍摄于黄龙国家级风景名胜区。

白腹短翅鸲

【学名】*Hodgsonius phaenicuroides*

【分类】鸫亚科短翅鸲属

【特征】体长约18厘米，尾长，似红尾鸲。外侧尾羽基部棕色；翼短，几不及尾基部。雄鸟：头、胸及上体青石蓝色；腹白色，尾下覆羽黑色而具白端；尾长，楔形；两翼灰黑色，小覆羽具白色端斑而形成两块明显的白色小点斑；褐色型的雄鸟也有见。雌鸟：橄榄褐色，眼圈皮黄色，下体色较淡。虹膜——褐色；嘴——黑色；脚——黑色。

【迁徙】甚常见的垂直性迁徙鸟，留鸟。

【生活习性】栖息于海拔1400～3000米的灌丛或竹林间。以昆虫和杂草种子等为食。

拍摄于黄龙国家级风景名胜区。

红喉歌鸲

【学名】*Luscinia calliope*

【分类】鸫亚科歌鸲属

【特征】体长约16厘米，褐色。雄鸟：颏、喉红色，具醒目的白色眉纹和颊纹，尾褐色，两胁皮黄色，腹部皮黄白色。雌鸟：喉部为淡红色或白色，胸近褐色，头部黑白色条纹独特。虹膜——褐色；嘴——深褐色；脚——粉褐色。

【迁徙】地区性非罕见鸟。地栖性候鸟。

【生活习性】多在灌丛地面活动。主要以昆虫为食，也吃少量植物性食物。

【保护状况】

（1）列入2016年《世界自然保护联盟濒危物种红色名录》（ver3.1）：无危（LC）。

（2）列入中国国家林业局2000年8月1日发布的《国家保护的有益的或者有重要经济、科学研究价值的陆生野生动物名录》。

拍摄于黄龙国家级风景名胜区。

栗腹歌鸲

【学名】*Luscinia brunnea*

【分类】鸫亚科歌鸲属

【特征】体长约15厘米。雄鸟：上体青石蓝色；眉纹白色，喉、胸、腹及两胁橙色或栗色；眼先及颊黑色；腹中心及尾下覆羽白色。雌鸟：上体橄榄褐色，下体偏白色，胸及两胁沾赭黄色。幼鸟深褐色而具皮黄色点斑。虹膜——褐色；嘴——夏季黑色，冬季上嘴褐色、下嘴近粉色；脚——粉褐色。

【迁徙】罕见留鸟。

【生活习性】栖息于茂密的竹林及杜鹃灌丛。两翼及尾不时抽动。主要以昆虫为食。

拍摄于黄龙国家级风景名胜区。

红尾水鸲

【学名】*Rhyacornis fuliginosus*

【分类】鸫亚科水鸲属

【特征】体长约14厘米，雌雄异色。雄鸟：通体大多铅灰蓝色，额基和眼先蓝黑色，腹部稍淡；尾羽、尾上覆羽和尾下覆羽均栗红色，尾端浅黑色，飞羽黑褐色，外缘铅蓝色。雌鸟：上体淡褐沾蓝灰色，两翼黑褐色，外缘褐色，内侧覆羽和次级飞羽具淡棕色羽缘和白色或黄白色端斑，尾上覆羽和尾下覆羽均白色，尾羽大部分白色，由最外侧尾羽向中央具不断扩大的黑褐色端斑，中央一对尾羽全为黑褐色；下体白色具淡蓝灰色的V形斑，向后转为波状横斑。虹膜——深褐色；嘴——黑色；脚——黑色（雄鸟）或黑褐色（雌鸟）。

【迁徙】留鸟。

【生活习性】常单独或成对活动。主要栖息于山地溪流与河谷沿岸，尤以多石的林间或林缘地带的溪流沿岸较常见。主要以昆虫为食。

【保护状况】列入2016年《世界自然保护联盟濒危物种红色名录》（ver3.1）：无危（LC）。

　　拍摄于黄龙国家级风景名胜区。

蓝大翅鸲

【学名】*Grandala coelicolor*

【分类】鸫亚科大翅鸲属

【特征】体长约21厘米而似鸫的鸟，俗名喜玛拉山蓝鸟。雄鸟：清楚易辨，全身蓝紫色而具丝光，仅眼先、翼及尾黑色；尾略分叉。雌鸟：上体灰褐色，头至上背具皮黄色纵纹；下体灰褐色，喉及胸具皮黄色纵纹；飞行时两翼基部内侧区域的白色明显；覆羽羽端白色，腰及尾上覆羽蓝色。虹膜——褐色；嘴——黑色；脚——黑色。

【迁徙】留鸟。

【生活习性】多见于海拔1400～2600米处的针阔叶混交林的高树上。以植物果实为食。

拍摄于黄龙国家级风景名胜区睡美人山。

金色林鸲

【学名】*Tarsiger chrysaeus*

【分类】鸫亚科鸲属

【特征】体长约14厘米。雄鸟：头顶及上背橄榄褐色；眉纹黄色，宽黑色带由眼先过眼至颊部；肩、背侧及腰艳丽橘黄色，翼橄榄褐色；中央尾羽全为黑色，其余尾羽基部黄色，羽端黑色；下体全橘黄色。雌鸟：上体橄榄色，近黄色的眉纹模糊，眼圈皮黄色，下体赭黄色。虹膜——褐色；嘴——深褐色，下嘴黄色；脚——浅肉色。

【迁徙】留鸟。

【生活习性】夏季常见于海拔3000～4000米近林线的针叶林及杜鹃灌丛；冬季下至低地灌丛。主要以昆虫为食。

拍摄于黄龙国家级风景名胜区。

蓝眉林鸲

【学名】*Tarsiger rufilatus*

【分类】鸫亚科鸲属

【特征】体长约14厘米，小型，深蓝色。成年雄鸟：头部至上背深蓝色，眉纹亮蓝色（有时也会显白），有些个体眉纹在眼先模糊显得左右连接，眼圈深色，喉纯白色，胸腹白色带灰，与喉部对比明显，深蓝色从两颊延伸至胸侧，两胁橙黄色，两翼不沾褐色而尖端发黑，无翼斑，小覆羽、腰部和尾亮海蓝色，尾端色深。雌鸟：头和上体橄榄褐色，眉纹不显或呈隐约细长灰白色，眼圈浅色，喉部纯白色，两胁橙黄色，两翼同上体颜色且无翼斑，胸及两侧褐色，腹灰白色，腰部和尾亮天蓝色。嘴——黑色；虹膜——黑色；脚——黑色或灰褐色。

【迁徙】短距离垂直迁徙。

拍摄于黄龙国家级风景名胜区。

蓝矶鸫

【学名】*Monticola solitarius*

【分类】鸫亚科矶鸫属

【特征】体长约23厘米。雄鸟蓝灰色，具淡黑色及近白色的鳞状斑纹；腹部及尾下覆羽深栗色，蓝矶鸫华南亚种下体全为蓝色。与雄性栗腹矶鸫的区别在于无黑色脸罩，上体蓝色较暗。雌鸟上体灰色沾蓝色，下体皮黄色而密布黑色鳞状斑纹。亚成鸟似雌鸟，但上体具黑白色鳞状斑纹。虹膜——褐色；嘴——黑色；脚——黑色。

【迁徙】留鸟。

【生活习性】常栖息于突出位置如岩石、房屋柱子及死树等地。主要以昆虫为食。

拍摄于黄龙国家级风景名胜区。

赤颈鸫

【学名】*Turdus ruficollis*

【分类】鸫亚科鸫属

【特征】体长约25厘米。雄鸟：上体包括两翼表面均为灰褐色，头顶具隐约的黑褐色轴纹，眉纹、颊、颈侧、喉和胸均为锈栗色，喉侧具纵行黑斑；耳羽灰褐色；腹白色，胁褐灰色而具深灰色斑，尾下覆羽白色具棕色端斑，尾棕栗色，中央尾羽末端和其余尾羽的外翈末端褐色。雌鸟：上体似雄鸟；喉灰白色具棕栗色羽干纹，胸栗色，狭缘灰色，胁褐灰色，具灰色轴纹。虹膜——褐色；嘴——黄色，尖端黑色；脚——近褐色。

【迁徙】冬候鸟。

【生活习性】栖息于山坡草地或丘陵疏林、平原灌丛中。取食昆虫、小动物及草籽和浆果。

拍摄于黄龙国家级风景名胜区。

灰头鸫

【学名】*Turdus rubrocanus*

【分类】鸫亚科鸫属

【特征】体长约25厘米，栗色及灰色为主。雄鸟：自额至上背、头侧、颈侧和喉与上胸为深灰色；颏灰白色；其余上体至尾上覆羽和下体自胸以下主要为栗色，腹和胁沾黑褐色；两翼和尾黑褐色；尾下覆羽褐色，具灰白色轴纹和端斑。雌鸟：羽色较雄鸟稍淡，喉棕白色，具黑褐色轴纹。虹膜——褐色；嘴——黄色；脚——黄色。

【迁徙】留鸟。

【生活习性】夏季栖息于针阔叶混交林带至高山灌丛，冬季在阔叶林带。一般单独或成对活动，但冬季结小群。常于地面取食，以浆果和昆虫等为食。

【保护状况】列入2016年《世界自然保护联盟濒危物种红色名录》（ver3.1）：无危（LC）。

拍摄于黄龙国家级风景名胜区。

宝兴歌鸫

【学名】*Turdus mupinensis*

【分类】鸫亚科鸫属

【特征】体长约23厘米。额至尾上覆羽橄榄褐色，中央尾羽淡棕褐色，外侧尾羽深褐色，外缘淡棕褐色，飞羽深褐色，覆羽橄榄褐色，大覆羽和中覆羽具淡黄色端斑；眼先棕白色杂有黑色羽端，眉纹棕白色杂有灰褐色，耳羽淡皮黄色具黑色端斑，后部耳羽端斑较大，形成显著的黑色块斑；颊和颈侧黄白色羽具黑色端斑，其下具黑斑组成的颧纹；颏棕白色，喉棕白色具小型黑斑，下体余部白色，胸沾黄色，各羽具扇形黑色端斑，尾下覆羽白色具少数褐斑。虹膜——褐色；嘴——深褐色，下嘴基部淡色；脚——肉褐色。

【迁徙】留鸟。

【生活习性】主要栖息于海拔1200～3500米的山地针阔叶混交林和针叶林中，尤其喜欢在河流附近潮湿茂密的栎树和松树混交林中生活。食物以昆虫为主。

【保护状况】中国特有鸟类。

（1）列入2016年《世界自然保护联盟濒危物种红色名录》（ver3.1）：无危（LC）。

（2）列入中国国家林业局2000年8月1日发布的《国家保护的有益的或者有重要经济、科学研究价值的陆生野生动物名录》。

拍摄于黄龙国家级风景名胜区。

棕背黑头鸫

【学名】*Turdus kessleri*

【分类】鸫亚科鸫属

【特征】体长约28厘米，黑色及栗色为主。头、颈、喉、胸、翼及尾黑色，体羽其余部位栗色，仅上背皮黄白色延伸至胸。雌鸟比雄鸟色浅，喉近白色而具细纹。虹膜——褐色；嘴——黄色；脚——褐色。

【迁徙】甚稀少罕见的留鸟。

【生活习性】夏季在高原和高山灌丛，冬季可降至暗针叶林带。喜吃桧树浆果。

【保护状况】列入中国国家林业局2000年8月1日发布的《国家保护的有益的或者有重要经济、科学研究价值的陆生野生动物名录》。

拍摄于黄龙国家级风景名胜区。

长尾地鸫

【学名】*Zoothera dixoni*

【分类】鸫亚科地鸫属

【特征】体长约26厘米，尾长。额至尾上覆羽橄榄褐色，中央尾羽橄榄褐色，外侧尾羽黑褐色具白端，向外渐扩大呈楔形白斑，飞羽深褐色，外缘棕黄色，初级飞羽内翈基部一半为白色，大覆羽、中覆羽具棕黄色端斑，小翼羽白色而具橄榄绿色横斑；眼先棕白色具褐色端斑，眼周棕白色，耳羽棕白色具黑色端斑，形成显著的黑色块斑；颏、喉白色，微具内缘为淡棕色的黑色端斑，胸、胁棕白色具黑色端斑，腹白色，尾下覆羽棕白色，外缘橄榄褐色。虹膜——褐色；嘴——褐色，下嘴基部黄色；脚——粉色。

【迁徙】留鸟。

【生活习性】在高山密林或竹林间活动，种群数量较少。以昆虫和杂草种子等为食。

拍摄于黄龙国家级风景名胜区。

黑喉石䳭

【学名】*Saxicola torquata*

【分类】鸫亚科石䳭属

【特征】体长约14厘米，黑色、白色及褐色为主。雄鸟：头部及飞羽黑色，背深褐色，颈及翼上具粗大的白斑，腰白色，胸棕色。雌鸟：色较暗而无黑色，下体皮黄色，仅翼上具白斑。虹膜——深褐色；嘴——黑色；脚——近黑色。

【迁徙】夏候鸟。

【生活习性】栖息于突出的低树枝以跃下地面捕食猎物。以昆虫为食，兼食杂草种子。

拍摄于黄龙国家级风景名胜区。

白领凤鹛

【学名】*Yuhina diademata*

【分类】画眉亚科凤鹛属

【特征】体长约17.5厘米，烟褐色。具蓬松的羽冠，颈后白色大斑块与白色宽眼圈及后眉线相接；颏、鼻孔及眼先黑色；飞羽黑色而羽缘近白色；下腹部白色。虹膜——偏红色；嘴——近黑色；脚——粉红色。

【迁徙】留鸟。

【生活习性】成对或结小群活动于海拔1100~3600米的灌丛。以昆虫和植物果实与种子为食。

拍摄于黄龙国家级风景名胜区。

斑背噪鹛

【学名】*Garrulax lunulatus*

【分类】画眉亚科噪鹛属

【特征】体长约23厘米,黄褐色。具明显的白色眼斑,体羽黄褐色,上体(除头顶)及两胁具醒目的黑色及草黄色鳞状斑纹;初级飞羽及外侧尾羽的羽缘灰色;尾端白色,具黑色的次端横斑。与白颊噪鹛的区别在于上体具黑色横斑。虹膜——深灰色;嘴——绿黄色;脚——肉色。

【迁徙】留鸟。

【生活习性】常栖息于针阔叶混交林、阔叶林下灌丛、竹林地面。以昆虫和植物果实与种子为食。

【保护状况】中国特有种。

拍摄于黄龙国家级风景名胜区。

橙翅噪鹛

【学名】*Garrulax elliotii*

【分类】画眉亚科噪鹛属

【特征】体长约26厘米。额、头顶深葡萄灰色，上体余部橄榄褐色；初级飞羽外翈银灰色，各羽（除第一枚外）基部橙黄色，此色自外向内逐渐扩大；中央尾羽及最外侧一对尾羽灰褐色，其余尾羽外翈均为绿色而缘橙黄色，所有尾羽末端白色；眼先黑色，颊、耳羽橄榄褐色，羽端缀白色边缘；喉、胸淡棕褐色，上腹及两胁橄榄褐色，下腹呈砖红色。虹膜——黄色；嘴——黑色；脚——棕褐色。

【迁徙】留鸟。

【生活习性】栖息于海拔1500~3400米的山地和高原森林与灌丛中。以昆虫和植物果实与种子为食，属杂食性。

【保护状况】中国特有鸟类。

列入2017年《世界自然保护联盟濒危物种红色名录》（ver3.1）：无危（LC）。

拍摄于黄龙国家级风景名胜区。

大噪鹛

【学名】*Garrulax maximus*

【分类】画眉亚科噪鹛属

【特征】体长约34厘米，具明显点斑。头顶黑褐色；翼上次级覆羽为栗褐色，各羽均具黑端和圆形白色点斑，初级飞羽黑褐色具白端，除外侧两枚外，其余外翈基部深灰色，向内渐扩大，甚至基部还转为栗色，中央尾羽棕褐色沾灰色，外侧尾羽黑褐色具白端，外翈基部深灰色，向内渐扩大；眼先棕白色，眉纹、耳羽及额和喉栗棕色，下体余部棕色，上胸和胸侧具棕白色羽端和肉桂棕色次端斑。虹膜——黄色；嘴——角质色；脚——粉红色。

【迁徙】留鸟。

【生活习性】栖息于海拔2700～4200米的亚高山和高山森林灌丛及林缘地带。主要以昆虫为食，也吃其他无脊椎动物、植物果实与种子。

【保护状况】中国特有鸟类。

（1）列入2018年《世界自然保护联盟濒危物种红色名录》（ver3.1）：无危（LC）。

（2）列入中国国家林业局2000年8月1日发布的《国家保护的有益的或者有重要经济、科学研究价值的陆生野生动物名录》。

拍摄于黄龙国家级风景名胜区。

黑顶噪鹛

【学名】*Garrulax affinis*

【分类】画眉亚科噪鹛属

【特征】体长约26厘米，橄榄褐色。额至后颈黑褐沾栗色，背栗褐色，羽缘棕色，腰橄榄棕色，尾上覆羽栗褐色，尾金橄榄褐色，羽端蓝灰色，飞羽大多黑褐色，外缘淡蓝灰色，外翈基部金橄榄褐色，向内逐渐扩大，初级覆羽黑褐色，次级覆羽橄榄褐色；眼先、眼下及耳羽前部黑色，耳羽后部栗色，颊部具一块白色颧斑，颈侧灰色微沾栗褐色；颏黑色，喉和胸淡棕褐色，狭缘灰色，羽片中央色淡，腹、胁和尾下覆羽棕色。虹膜——褐色；嘴——黑色；脚——褐色。

【迁徙】留鸟。

【生活习性】常栖于海拔2000～3700米高山的针叶林、竹丛以及杜鹃灌丛。以植物种子和果实为食，兼食昆虫。

【保护状况】

（1）列入2018年《世界自然保护联盟濒危物种红色名录》（ver3.1）：无危（LC）。

（2）列入中国国家林业局2000年8月1日发布的《国家保护的有益的或者有重要经济、科学研究价值的陆生野生动物名录》。

拍摄于黄龙国家级风景名胜区。

黑额山噪鹛

【学名】*Garrulax sukatschewi*

【分类】画眉亚科噪鹛属

【特征】体长约28厘米，酒灰褐色。上体大多橄榄褐色，前额、鼻羽、眼先和颧纹黑色，颊和耳羽前部白色，耳羽后部葡萄棕色，颏黑色，喉至胸葡萄棕色；腹部中央淡棕色；腿覆羽、尾下覆羽和尾上覆羽棕红色；中央2对尾羽橄榄褐色，羽端转灰色，次一对端部转黑色而具白端，外侧4对基部灰色，端部黑色具白端和灰色次端斑；飞羽黑褐色，初级飞羽外翈蓝灰色，次级飞羽外翈淡褐色羽缘棕色，羽端白斑往内渐大，内侧覆羽橄榄褐色，小翼羽黑褐色，外翈烟灰色，初级覆羽淡褐色，羽端和外翈棕色。虹膜——褐色；嘴——黄色；脚——黄色。

【迁徙】留鸟。

【特征】一般栖息于高山上、灌木林中，特别是林下有矮竹或灌木丛的地方。食物为昆虫和植物种子。

【保护状况】中国特有种。

（1）列入2016年《世界自然保护联盟濒危物种红色名录》（ver3.1）：易危（VU）。

（2）列入1998年《中国濒危动物红皮书》等级：稀有。

（3）列入中国国家林业局2000年8月1日发布的《国家保护的有益的或者有重要经济、科学研究价值的陆生野生动物名录》。

拍摄于黄龙国家级风景名胜区。

山噪鹛

【学名】*Garrulax davidi*

【分类】画眉亚科噪鹛属

【特征】体长约29厘米。全身灰砂褐色或灰褐色，无显著花纹；嘴稍向下曲；鼻孔完全被须羽掩盖；嘴在鼻孔处的厚度与宽度几乎相等。虹膜——褐色；嘴——下弯，亮黄色，嘴端偏绿色；脚——浅褐色。

【迁徙】留鸟。

【生活习性】栖息山地灌丛和矮树林。以昆虫和植物种子与果实等为食。

【保护状况】中国特有鸟类。

列入中国国家林业局2000年8月1日发布的《国家保护的有益的或者有重要经济、科学研究价值的陆生野生动物名录》。

拍摄于黄龙国家级风景名胜区。

高山雀鹛

【学名】*Alcippe striaticollis*

【分类】画眉亚科雀鹛属

【特征】体长约12厘米，灰色。额至尾上覆羽褐沾茶黄色，头顶和上背具褐色纵纹，尾褐色，外缘栗褐色，飞羽褐色，外侧一至四枚外翈狭缘灰白色，五至六枚外翈狭缘黑色，七枚以次翅表栗褐色；眼先黑色，颊和耳羽栗褐色具白纹，颈侧杂以浅茶黄色和褐色纵纹；额至胸粉白色具黑色轴纹，胁和尾下覆羽浅灰褐色，腹部中央近白色。虹膜——近白色；嘴——角质褐色；脚——褐色。

【迁徙】留鸟。

【生活习性】栖息在2800～4100米的树林、灌丛中。主要以植物种子和昆虫为食。

【保护状况】中国特有种。

列入2016年《世界自然保护联盟濒危物种红色名录》（ver3.1）：无危（LC）。

拍摄于黄龙国家级风景名胜区。

红嘴相思鸟

【学名】*Leiothrix lutea*

【分类】画眉亚科相思鸟属

【特征】体长约15.5厘米。额至枕黄橄榄绿色，上体余部灰橄榄绿色，最长的尾上覆羽具淡黄色羽端，尾橄榄绿沾灰色，羽端亮蓝黑色，外侧尾羽向外卷曲，飞羽黑褐色，初级飞羽外缘黄色，自第三枚起外翈基部赤红色，次级飞羽外翈辉蓝黑色，基部金黄色，最内侧飞羽和覆羽灰色；眼先和眼周淡黄色，耳羽淡橄榄灰色，颈侧灰绿色；颏、喉辉黄色，上胸橙红色，下胸至尾下覆羽浅黄色，胁绿灰色。雌鸟翼斑橙黄色而非赤红色。虹膜——褐色；嘴——红色；脚——粉红色。

【迁徙】留鸟。

【生活习性】主要栖息于海拔1200～2800米的山地常绿阔叶林、常绿落叶混交林、竹林和林缘疏林灌丛地带。以昆虫和植物果实与种子为食。

【保护状况】

（1）列入2017年《世界自然保护联盟濒危物种红色名录》（ver3.1）：无危（LC）。

（2）列入中国国家林业局2000年8月1日发布的《国家保护的有益的或者有重要经济、科学研究价值的陆生野生动物名录》。

（3）列入1997年《华盛顿公约》（CITES）附录Ⅱ级保护动物。

拍摄于黄龙国家级风景名胜区。

雀形目

PASSERIFORMES

104

暗绿柳莺

【学名】*Phylloscopus trochiloides*

【分类】莺亚科柳莺属

【特征】体长约10厘米。上体自额至尾上覆羽以及两翼的内侧覆羽均橄榄绿色，头顶较暗；飞羽和尾羽黑褐色，外缘黄绿色；大覆羽末端淡黄色形成一道翼斑；眉纹黄白色；贯眼纹深褐色；下体灰白沾黄色，两胁和尾下覆羽黄色较显著。虹膜——褐色；嘴——上嘴角质色，下嘴偏粉色；脚——褐色。

【迁徙】常见的季候鸟。

【生活习性】多集群活动于阔叶林、针阔叶混交林、针叶林、竹林和灌丛间。以昆虫为食。

【保护状况】列入中国国家林业局2000年8月1日发布的《国家保护的有益的或者有重要经济、科学研究价值的陆生野生动物名录》。

拍摄于黄龙国家级风景名胜区。

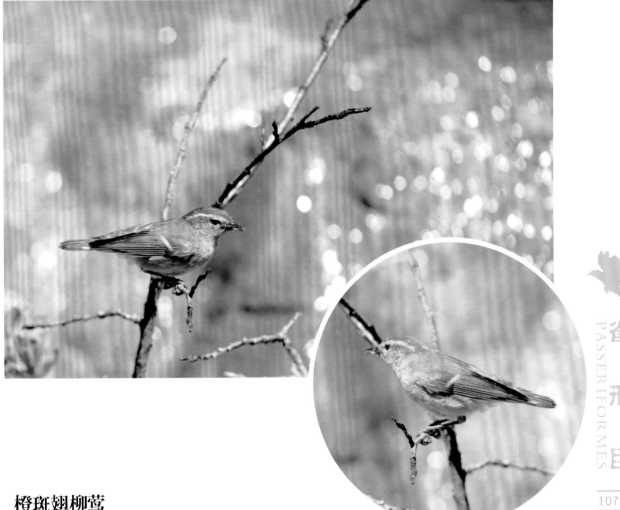

橙斑翅柳莺

【学名】*Phylloscopus pulcher*

【分类】莺亚科柳莺属

【特征】体长约12厘米。头顶灰绿色，具不甚明显的淡黄色或灰色顶冠纹；上体橄榄绿沾褐色；腰羽的末端绿黄色，形成一绿黄色横带；尾羽黑褐色，最外侧三对尾羽大部白色；飞羽黑褐色，大部分外翈黄绿色；大覆羽、中覆羽末端橙黄色，形成两道翼斑，比较特殊；眼先、耳羽均灰黑色；眉纹淡黄色，颊部灰黑沾黄色；颈侧、颏、喉和胸呈灰绿黄色；腹部和尾下覆羽更黄。虹膜——褐色；嘴——上嘴黑色，下嘴基部黄褐色；脚——褐色。

【迁徙】留鸟，部分迁徙。

【生活习性】主要栖息于海拔1500~4000米的山地森林和林缘灌丛中，尤以高山针叶林和杜鹃灌丛中较常见。主要以昆虫为食。

【保护状况】

　　（1）列入2016年《世界自然保护联盟濒危物种红色名录》（ver3.1）：无危（LC）。

　　（2）列入中国国家林业局2000年8月1日发布的《国家保护的有益的或者有重要经济、科学研究价值的陆生野生动物名录》。

　　拍摄于黄龙国家级风景名胜区。

四川柳莺

【学名】*Phylloscopus forresti*

【分类】莺亚科柳莺属

【特征】四川柳莺是由淡黄腰柳莺的亚种提升为的独立鸟种，是体长约10厘米的偏绿色柳莺。具白色的长眉纹及略淡的顶纹、浅黄色的腰、两道偏黄色的翼斑和白色的三级飞羽羽端；有时耳羽上有浅色点斑。与淡黄腰柳莺的区别在于上体为多灰绿的橄榄色，头脸部黄色斑纹不明显，眼前少黄色眉纹，下体多灰色而少白色，体形略大且翼上图纹不同。虹膜——褐色；嘴——上嘴深灰色，下嘴基部色浅；脚——褐色。

【迁徙】常见的季候鸟。

【生活习性】栖息于低地落叶次生林，极少超过海拔2600米。以昆虫为食。

拍摄于黄龙国家级风景名胜区。

云南柳莺

【学名】*Phylloscopus yunnanensis*

【分类】莺亚科柳莺属

【特征】体长约10厘米，偏绿色。眉纹长而白，顶纹灰白色，腰淡黄色，大覆羽、中覆羽先端白色，形成两道翼斑（第二道不清晰），三级飞羽羽缘及羽端白色亦不清晰。甚似淡黄腰柳莺但区别在于体形较大而形长，头略大但不圆；顶冠两侧色较浅且顶纹较模糊，有时仅在头背后呈一浅色点；耳羽上无浅色点斑。虹膜——褐色；嘴——上嘴黑色，下嘴黄褐色；脚——褐色。

【迁徙】常见的季候鸟。

【生活习性】栖息于低地落叶次生林，极少超过海拔2600米。以昆虫为食。

【保护状况】中国中部及东部的特有种。

　　拍摄于黄龙国家级风景名胜区。

棕眉柳莺

【学名】*Phylloscopus armandii*

【分类】莺亚科柳莺属

【特征】体长约12厘米，敦实的单褐色柳莺。尾略分叉，嘴短而尖；上体橄榄褐色，飞羽、覆羽及尾缘橄榄色；具白色的长眉纹和皮黄色眼先；颊部及耳羽褐色，深褐色的眼先及贯眼纹与米黄色的眼圈成对比；胸侧及两胁沾橄榄色；喉部的黄色纵纹常隐约贯胸而延伸至腹部，尾下覆羽黄褐色，下体余部为极淡的棕色。虹膜——褐色；嘴——上嘴褐色，下嘴基部粉色或黄色；脚——黄褐色。

【迁徙】不常见候鸟、留鸟。

【生活习性】主要栖息于海拔3200米以下的中低山区和山脚平原地带的森林。主要以昆虫为食。

【保护状况】中国特有种。

（1）列入2016年《世界自然保护联盟濒危物种红色名录》（ver3.1）：无危（LC）。

（2）列入中国国家林业局2000年8月1日发布的《国家保护的有益的或者有重要经济、科学研究价值的陆生野生动物名录》。

拍摄于黄龙国家级风景名胜区。

斑胸短翅莺

【学名】*Bradypterus thoracicus*

【分类】莺亚科短翅莺属

【特征】体长约13.5厘米，淡褐色。两翼短宽，眉纹苍白；上体褐色，顶冠沾棕色；下体偏白色，额部、喉部、胸部及腹部中央为灰白色，胸部密布黑色斑点（秋季、冬季斑点甚不清晰），两胁偏褐色；尾下覆羽褐色，羽端白色而成宽锯齿形。比巨嘴短翅莺的嘴较短且直，眉纹也少扩展。虹膜——深褐色；嘴——黑色；脚——粉色至褐色。

【生活习性】繁殖于林线以上高至海拔4300米的桧树及杜鹃灌丛，冬季下至山麓地带及平原。食物以动物性食物为主。

　　拍摄于黄龙国家级风景名胜区。

花彩雀莺

【学名】*Leptopoecile sophiae*

【分类】莺亚科雀莺属

【特征】体长约10厘米，毛茸茸偏紫色。前额乳黄色；头顶栗红色；背、肩灰褐色；腰、尾上覆羽辉蓝色；尾黑褐色，最外侧一对尾羽的外翈白色，第二对外翈边缘白色，其余尾羽外翈边缘绿蓝色；飞羽深褐色；眼先黑色；眉纹淡黄色；颏棕黄色；喉、胸、腹部两侧均紫色，腹部中央棕栗色；尾下覆羽栗色。虹膜——红色；嘴——黑色；脚——灰褐色。

【迁徙】罕见留鸟。

【生活习性】栖息于矮小灌丛，夏季于林线以上至海拔4600米，冬季下至海拔2000米。繁殖期外结群生活。主要以昆虫为食。

拍摄于黄龙国家级风景名胜区。

灰冠鹟莺

【学名】*Phylloscopus tephrocephalus*

【分类】莺亚科鹟莺属

【特征】从金眶鹟莺的亚种提升为独立鸟种，是体长约13厘米的偏黄色莺。具宽阔的绿灰色顶冠纹，其两侧缘接黑色眉纹；下体黄色；外侧尾羽的内翈白色。虹膜——褐色；嘴——上嘴黑色，下嘴黄色；脚——偏黄色。

【迁徙】候鸟。

【生活习性】繁殖于海拔1800～3600米的山区森林及林地。主要以昆虫为食。

拍摄于黄龙国家级风景名胜区。

栗头地莺

【学名】*Tesia castaneocoronata*

【分类】莺亚科地莺属

【特征】体长约10厘米，立姿甚直而色彩艳丽的莺。尾短而似鹪鹩，头及颈背栗色；上体绿色，下体黄色，眼上后方有一白点。幼鸟上体橄榄褐色，下体橙栗色。虹膜——褐色；嘴——褐色，下嘴基色浅；脚——橄榄褐色。

【迁徙】垂直迁徙。

【生活习性】常栖息于茂密潮湿森林中近溪流的林下覆盖处，沿树枝或圆木侧身移动。

　　拍摄于黄龙国家级风景名胜区。

铜蓝鹟

【学名】*Eumyias thalassina*

【分类】鹟亚科鹟属

【特征】体长约17厘米，全身绿蓝色。雄鸟眼先黑色；雌鸟羽色略淡，眼先灰色或灰蓝色。雄雌两性尾下覆羽均具偏白色鳞状斑纹。亚成鸟灰褐沾绿色，具皮黄色及近黑色的鳞状纹及点斑。与雄性纯蓝仙鹟的区别在于嘴较短，绿色较浓，蓝灰色的臀具偏白色的鳞状斑纹。虹膜——褐色；嘴——黑色；脚——近黑色。

【迁徙】留鸟。

【生活习性】夏季在山区常绿阔叶林的顶部至针阔叶混交林底部，在石穴、房穴营巢；常停息于林缘或山坡灌丛枝杈间。以昆虫为食。

　　拍摄于黄龙国家级风景名胜区。

棕尾褐鹟

【学名】*Muscicapa ferruginea*

【分类】鹟亚科鹟属

【特征】体长约13厘米，红褐色。眼圈皮黄色，喉块白色，头灰色，背褐色，腰棕色，下体白色，胸具褐色横斑，两胁及尾下覆羽棕色；通常具白色的半颈环；三级飞羽及大覆羽羽缘棕色。虹膜——褐色；嘴——黑色；脚——灰色。

【迁徙】冬季南迁。

【生活习性】栖息于针阔混交林或稀疏树林及灌丛。以昆虫为食。

　　拍摄于黄龙国家级风景名胜区。

锈胸蓝姬鹟

【学名】*Ficedula hodgsonii*

【分类】鹟亚科姬鹟属

【特征】体长约13厘米，青石蓝色。雄鸟胸橘黄色，上体无虹闪，外侧尾羽基部白色，腹部皮黄白色；与山蓝仙鹟的区别在于背部色彩较暗淡，尾基部白色，两翼较长而嘴短，且缺少眉纹和翼斑。雌鸟与灰蓝姬鹟雌鸟的区别在于胸部无浅色的中央斑纹。虹膜——褐色；嘴——黑色；脚——深褐色。

【迁徙】不常见留鸟。

【生活习性】栖息于海拔2400~4300米的潮湿密林；冬季下至低海拔处。以昆虫为食。

拍摄于黄龙国家级风景名胜区。

白眉山雀

【学名】*Parus superciliosus*

【分类】山雀科山雀属

【特征】体长约13厘米。头顶及喉大多黑色；前额的白色后延形成显著的长眉纹；头侧、两胁及腹部黄褐色；臀皮黄色；上体深灰沾橄榄色。虹膜——褐色；嘴——黑色；脚——略黑。

【迁徙】留鸟。

【生活习性】海拔3000～4000米的山坡灌丛间。结小群，有时与雀莺混群于高山矮小桧树及杜鹃灌丛中取食。

【保护状况】中国特有种。

列入中国国家林业局2000年8月1日发布的《国家保护的有益的或者有重要经济、科学研究价值的陆生野生动物名录》。

拍摄于黄龙国家级风景名胜区。

川褐头山雀

【学名】*Poecile weigoldicus*

【分类】山雀科山雀属

【特征】原作为褐头山雀的亚种,是体长约11.5厘米的山雀。额至后颈栗褐色,背至尾上覆羽赭褐色,飞羽和覆羽褐色,外缘赭褐色;尾褐色,外缘棕色;眼先、颊、耳羽和颈侧灰白色;额和喉黑色,喉羽具狭细白缘,其余下体棕色,腹部中央色淡,呈乳黄白色。虹膜——褐色;嘴——略黑;脚——深蓝灰。

【迁徙】留鸟。

【生活习性】常结群栖息于针叶林和针阔叶混交林。以各种昆虫为食。

【保护状况】中国特有种。

列入中国国家林业局2000年8月1日发布的《国家保护的有益的或者有重要经济、科学研究价值的陆生野生动物名录》。

拍摄于黄龙国家级风景名胜区。

褐冠山雀

【学名】*Parus dichrous*

【分类】山雀科山雀属

【特征】体长约12厘米，色淡。头顶、羽冠、背和腰均为灰色；尾上覆羽灰棕色，尾褐色，外缘灰棕色，飞羽褐色，初级飞羽除外侧两枚外，羽缘均为蓝灰色，其余飞羽狭缘灰棕色；前额、眼先和耳羽皮黄杂灰褐色；颈侧棕白色，向后形成半圆形领圈；下体浅棕色。虹膜——红褐色；嘴——近黑色；脚——蓝灰色。

【迁徙】留鸟。

【生活习性】栖息于海拔3000米左右的针叶林或灌丛。以昆虫为食，兼食植物种子。

【保护状况】

（1）列入2016年《世界自然保护联盟濒危物种红色名录》（ver3.1）：无危（LC）。

（2）列入中国国家林业局2000年8月1日发布的《国家保护的有益的或者有重要经济、科学研究价值的陆生野生动物名录》。

拍摄于黄龙国家级风景名胜区。

黑冠山雀

【学名】*Parus rubidiventris*

【分类】山雀科山雀属

【特征】体长约12厘米，具羽冠。额、头顶、羽冠和后颈亮黑色，后颈中央有一白斑，背至尾上覆羽蓝灰色，飞羽、翼上覆羽和尾羽均为黑色，狭缘蓝灰色；颊、耳羽和枕部白色；颏至上胸黑色，下胸和腹橄榄灰色，尾下覆羽棕色。虹膜——红褐色；嘴——黑色；脚——蓝灰色。

【迁徙】留鸟。

【生活习性】主要栖息于海拔2000～3500米的山地针叶林、竹林和杜鹃灌丛中。以昆虫和植物嫩叶为食。

【保护状况】列入2016年《世界自然保护联盟濒危物种红色名录》（ver3.1）：无危（LC）。

　　拍摄于黄龙国家级风景名胜区。

黄腹山雀

【学名】*Parus venustulus*

【分类】山雀科山雀属

【特征】体长约10厘米，尾短。下体黄色，翼上具两排白色点斑，嘴甚短。雄鸟：头及胸黑色，颊斑及颈后点斑白色，上体蓝灰色，腰银白色。雌鸟：头部灰色较重，喉白色，与颊斑之间有灰色的下颊纹，眉略具浅色点。幼鸟羽色似雌鸟，上体多橄榄色。虹膜——褐色；嘴——近黑色；脚——蓝灰色。

【迁徙】留鸟。

【生活习性】常结群或与其他鸟混群活动，栖息于海拔3000米以下的山地各种林木中，冬季活动于较低海拔。夏季主要以昆虫为食，冬季主要以植物性食物为食。

【保护状况】中国特有鸟类。属稀有鸟类，应注意保护。

　　拍摄于黄龙国家级风景名胜区。

绿背山雀

【学名】*Parus monticolus*

【分类】山雀科山雀属

【特征】体长约13厘米。额至后颈上部亮蓝黑色，上背和肩黄绿色，腰和尾上覆羽铅灰蓝色，尾黑褐色，外缘灰蓝色，最外侧一对尾羽端和外翈白色，飞羽黑褐色，外缘蓝灰色，覆羽黑褐色，次级覆羽具灰蓝色羽缘和白端；眼先黑色，颊、耳羽和颈侧白色；额至胸黑色，胸侧和腹辉黄色，中央贯以一条黑色纵带。虹膜——褐色；嘴——黑色；脚——青石灰色。

【迁徙】留鸟。

【生活习性】栖息于海拔1000米以上的山林。主要以昆虫为食，也吃一些植物。

【保护状况】列入中国国家林业局2000年8月1日发布的《国家保护的有益的或者有重要经济、科学研究价值的陆生野生动物名录》。

拍摄于黄龙国家级风景名胜区。

远东山雀

【学名】*Parus minor*

【分类】山雀科山雀属

【特征】从大山雀的亚种分化出来的。头颈部除颊、耳羽和颈侧围成的大块白斑外，均为黑色；后颈上部黑色，沿白斑向左、右颈侧延伸形成一条黑带，与自颏部纵贯胸腹中央的黑带相连，下体余部灰白色；仅有上背部橄榄绿色，上体余部灰色，翼上具一道醒目的白色翼斑。

【迁徙】留鸟。

【生活习性】主要栖息于低山和山麓地带的次生阔叶林、阔叶林和针阔混交林中，也出入人工林和针叶林。主要以昆虫为食，也食其他小型无脊椎动物和植物性食物。

拍摄于黄龙国家级风景名胜区。

红翅旋壁雀

【学名】*Tichodroma muraria*

【分类】鸭科旋壁雀属

【特征】体长约16厘米，灰色。尾短而嘴长，翼具醒目的绯红色斑纹。繁殖期雄鸟额及喉黑色，雌鸟黑色较少。非繁殖期成鸟喉偏白色，头顶及颊灰褐色；飞羽黑色，外侧尾羽羽端白色显著，初级飞羽两排白色点斑飞行时成带状。虹膜——深褐色；嘴——黑色；脚——棕黑色。

【迁徙】留鸟。

【生活习性】一种非树栖高山型鸟类，栖息于悬崖和陡坡壁上。以昆虫为食。

　　拍摄于黄龙国家级风景名胜区。

普通䴓

【学名】*Sitta europaea*

【分类】䴓科䴓属

【特征】体长约13厘米。上体蓝灰色，贯眼纹黑色，喉白色，腹部淡皮黄色，两胁浓栗色。虹膜——深褐色；嘴——黑色，下嘴基部带粉色；脚——深灰色。

【迁徙】留鸟。

【生活习性】在300～3200米的山林间、针阔混交林及阔叶林和针叶林内都可见到。食物以昆虫为主，也食植物种子。

拍摄于黄龙国家级风景名胜区。

旋木雀

【学名】*Certhia familiaris*

【分类】旋木雀科旋木雀属

【特征】体长约13厘米。头顶、后颈、背部及翼上覆羽棕褐色，遍布斑驳的灰白色斑点；眉纹灰白色；下体白色或皮黄色，仅两胁略沾棕色，尾下覆羽棕色；体形较小，喉部白色而有别于褐喉旋木雀。虹膜——褐色；嘴——上嘴褐色，下嘴色浅；脚——偏褐色。

【迁徙】留鸟。

【生活习性】栖息于落叶林和针叶林。习性似啄木鸟，常在树干上做螺旋式攀援。主要以象甲、金花甲、蚂蚁等各种昆虫为食。

【保护状况】列入2017年《世界自然保护联盟濒危物种红色名录》（ver3.1）：无危（LC）。

　　拍摄于黄龙国家级风景名胜区。

蓝喉太阳鸟

【学名】*Aethopyga gouldiae*

【分类】太阳鸟科太阳鸟属

【特征】体长约14厘米，蓝色尾有延长。雄鸟：前额至头顶、颏和喉辉紫蓝色，眼先、颊黑色，头侧、颈侧和背朱红色；耳后和胸侧各有一紫蓝色斑。与黑胸太阳鸟的区别在于体羽色彩亮丽且胸猩红色；与火尾太阳鸟及黄腰太阳鸟的区别在于尾蓝色。雌鸟：上体橄榄色，下体绿黄色，颏及喉烟橄榄色。腰浅黄色而有别于其他种类，仅黑胸太阳鸟与其相似，但尾端的白色不清晰。虹膜——褐色；嘴——黑色；脚——褐色。

【迁徙】留鸟。

【生活习性】夏季常见于海拔1200～4300米的山区常绿林，冬季下迁。春季常取食于杜鹃灌丛，夏季以悬钩子等果实为食。

【保护状况】列入中国国家林业局2000年8月1日发布的《国家保护的有益的或者有重要经济、科学研究价值的陆生野生动物名录》。

　　拍摄于黄龙国家级风景名胜区。

家麻雀

【学名】*Passer domesticus*

【分类】文鸟科麻雀属

【特征】体长约15厘米。雄鸟：背栗红色具黑色纵纹，两侧具皮黄色纵纹；颏、喉和上胸黑色，颊部白色，其余下体白色，大覆羽具白色带斑。雄鸟与麻雀的区别在于顶冠及尾上覆羽灰色，耳无黑色斑块，且喉及上胸的黑色较多。雌鸟：色淡，具淡黄色眉纹；上背两侧具皮黄色纵纹，有两道模糊的翼斑；胸部浅灰色，胸侧具近黑色纵纹。虹膜——褐色；嘴——黑色（繁殖期雄鸟）或草黄色，嘴端深色；脚——粉褐色。

【迁徙】留鸟。

【生活习性】喜群栖。掠食谷物，也食昆虫及一些树叶。通常与人类有共同的栖息生活环境。

拍摄于黄龙国家级风景名胜区。

麻雀

【学名】*Passer montanus*

【分类】文鸟科麻雀属

【特征】又名树麻雀，体长约14厘米，矮圆而活跃。自额至枕栗褐色，肩、背棕褐色，并杂以粗著黑纹，腰及尾上覆羽褐色沾棕色，尾羽深褐色，羽缘褐色，两翼黑褐色，外翈具棕色羽缘，中覆羽和大覆羽具棕白色端斑；眼先、眼下沿及颏和喉的中央均呈黑色，颊白色，耳羽具黑色块斑；胸和腹灰白色，两胁及尾下覆羽淡棕褐色。虹膜——深褐色；嘴——黑色；脚——粉褐色。

【迁徙】留鸟。

【生活习性】成群栖息于城镇、村寨的房屋和树上或竹丛间。食物大多为农作物种子，也食草籽和昆虫。

【保护状况】

　　列入中国国家林业局2000年8月1日发布的《国家保护的有益的或者有重要经济、科学研究价值的陆生野生动物名录》。

　　拍摄于黄龙国家级风景名胜区。

山麻雀

【学名】*Passer rutilans*

【分类】文鸟科麻雀属

【特征】体长约14厘米，雄雌异色。雄鸟：顶冠及上体为鲜艳的黄褐色或栗色，上背具纯黑色纵纹，喉黑色，颊部灰白色。雌鸟：上体棕色，具深褐色的贯眼纹及奶油色的长眉纹。虹膜——褐色；嘴——灰色（雄鸟），黄色而嘴端色深（雌鸟）；脚——粉褐色。

【迁徙】留鸟，部分迁徙。

【生活习性】栖息于海拔2000～3500米的各林带间，多活动于林缘疏林、灌丛和草丛中。杂食性鸟类，主要以植物性食物和昆虫为食。

拍摄于黄龙国家级风景名胜区。

白斑翅拟蜡嘴雀

【学名】*Mycerobas carnipes*

【分类】雀科拟蜡嘴属

【特征】体长约23厘米。头圆而大，嘴厚重。繁殖期雄鸟：外形似雄白点翅拟蜡嘴雀，但腰黄色，胸黑色，三级飞羽及大覆羽羽端具黄色点斑，初级飞羽基部白色块斑在飞行时明显易见。雌鸟上体和下体前部以灰色取代雄鸟的黑色，颊部及胸具模糊的浅色纵纹。幼鸟似雌鸟但褐色较重。虹膜——深褐色；嘴——灰色；脚——粉褐色。

【迁徙】留鸟。

【生活习性】栖息于高山森林、灌丛，多见于针叶林中。食物以植物种子为主，兼食甲虫。

拍摄于黄龙国家级风景名胜区。

黄颈拟蜡嘴雀

【拉丁学名】*Mycerobas affinis*

【科属】雀科拟蜡嘴属

【特征】体长20～22厘米，嘴粗大。雄鸟：整个头、颈、颏、喉和上胸辉黑色，两翼和尾亦为黑色，其余上体橙黄色，下体鲜黄色。雌鸟：头、颈、颏、喉和上胸中央灰色，背、肩和两侧覆羽橄榄绿色，腰黄色，两翼和尾黑色，下体橄榄黄色。虹膜——深褐色；嘴——绿黄色；脚——橘黄色。

【迁徙】留鸟。

【生活习性】栖息于海拔3000米以上的高山针叶林和针阔混交林、桦树林、栎林、林线以上的杜鹃灌丛和矮树丛中。主要以植物性食物为主，也食动物性食物。

【保护状况】列入2016年《世界自然保护联盟濒危物种红色名录》（ver3.1）：无危（LC）。

拍摄于黄龙国家级风景名胜区。

白眉朱雀

【学名】*Carpodacus thura*

【分类】雀科朱雀属

【特征】体长约17厘米。雄鸟：额基、眼先、颊深红色，额和一条长而宽阔的眉纹珠白色沾有粉红色并具丝绢光泽；腰及顶冠粉色，浅粉色的眉纹后端成特征性白色；中覆羽羽端白色成微弱翼斑。雌鸟：前额白色杂有黑色，头顶至背橄榄褐色或棕褐色，具宽的黑褐色纵纹，眉纹皮黄白色；与其他雌性朱雀的区别为腰色深而偏黄，眉纹后端白色。虹膜——深褐色；嘴——角质色；脚——褐色。

【迁徙】垂直迁徙的候鸟。

【生活习性】栖息于海拔2000～4500米的高山灌丛、草地和生长有稀疏植物的岩石荒坡。以植物性食物为食。

【保护状况】列入中国国家林业局2000年8月1日发布的《国家保护的有益的或者有重要经济、科学研究价值的陆生野生动物名录》。

拍摄于黄龙国家级风景名胜区。

洒红朱雀

【学名】*Carpodacus vinaceus*

【分类】雀科朱雀属

【特征】体长约15厘米。雄鸟：眉纹粉红色，具丝绢光泽，向后伸到后颈两翼，整个体羽绯红色，腰和腹部稍浅淡，两翼及尾羽黑褐色，具粉红色狭缘，最内侧飞羽的外翈具一个粉红色端斑。雌鸟：与棕朱雀相似，不同点是本种的眉纹不显，上体黑褐色纵纹较浅淡，翅短于75毫米，嘴长不超过10毫米。虹膜——褐色；嘴——角质色；脚——褐色。

【迁徙】留鸟。

【生活习性】夏季生活在山区落叶阔叶及暗针叶林带，冬季降至山脚和平原。以杂草种子、野果等为食。

【保护状况】我国特有鸟类。

列入中国国家林业局2000年8月1日发布的《国家保护的有益或者有重要经济、科学研究价值的陆生野生动物名录》。

拍摄于黄龙国家级风景名胜区。

拟大朱雀

【学名】*Carpodacus rubicilloides*

【分类】雀科朱雀属

【特征】体长约19厘米。雄鸟：额至头顶、头侧、颏和喉葡萄红色，具亮白色小点斑，肩、背及翼上覆羽深褐色沾玫瑰红色，各羽有黑褐色纵纹，尾和飞羽黑褐色，飞羽具粉红色外缘，内侧飞羽的外缘有时较白，腰玫瑰红沾褐色；下体淡红色，具白斑。雌鸟：上体灰褐色；下体皮黄色，均具粗著的深褐色纵纹。虹膜——深褐色；嘴——灰色；脚——近灰色。

【迁徙】不常见留鸟。

【生活习性】栖息于海拔3800～4500米的高山草甸、草原、林缘、灌丛。食物以作物种子及草籽为主。

拍摄于黄龙国家级风景名胜区。

普通朱雀

【学名】*Carpodacus erythrinus*

【分类】雀科朱雀属

【特征】体长约15厘米。雄鸟：额至枕深红色、背、肩及翼上覆羽橄榄褐染红色，腰及尾上覆羽深红色，两翼及尾羽深褐色，羽缘浅红色；眼先、耳羽褐色，染浅红色；颏、喉及上胸洋红色，下胸及腹转淡；下腹及尾下覆羽白色而沾红色。雌鸟：上体橄榄褐色，各羽有纵纹；翼和尾羽与雄鸟同色，而外翈具橄榄黄色羽缘，大覆羽、中覆羽羽端近白色；下体灰白色，颏至胸及体侧具褐色纵纹。虹膜——深褐色；嘴——灰色；脚——近黑色。

【迁徙】留鸟。

【生活习性】夏季在暗针叶林带，栖息于林缘灌丛。食物以杂草和作物种子为主，也食昆虫。

　　拍摄于黄龙国家级风景名胜区。

曙红朱雀

【学名】*Carpodacus eos*

【分类】雀科朱雀属

【特征】体长约12.5厘米。雄鸟：体羽的红色比红眉朱雀暗浓；额深红色，头顶至后颈红褐色，具黑褐色羽干纹；背、肩淡红褐色，具粗著的黑褐色纵纹，腰、尾上覆羽玫瑰红色，尾羽黑褐色，羽缘玫瑰红色，两翼黑褐色，初级飞羽及翼上覆羽羽缘玫瑰红色；次级飞羽羽缘黄白色；下体均玫瑰红色。雌鸟：与红眉朱雀非常相似，仅体形较小，翅短于75毫米；上体灰褐色，下体近白色，上体、下体均密布黑色纵纹，两翼各羽黑褐色，羽缘淡褐色或近白色，但不形成翼斑。虹膜——深褐色；嘴——角质褐色；脚——淡褐色。

【迁徙】不常见的留鸟。

【生活习性】栖息于高山草甸、森林、灌丛及农耕地。食物以草籽为主。

【保护状况】我国特有鸟类。

列入中国国家林业局2000年8月1日发布的《国家保护的有益的或者有重要经济、科学研究价值的陆生野生动物名录》。

拍摄于黄龙国家级风景名胜区。

藏黄雀

【学名】*Carduelis thibetana*

【分类】雀科金翅雀属

【特征】体长约12厘米，绿黄色雀鸟，似金丝雀。繁殖期雄鸟纯橄榄绿色，眉纹、腰及腹部黄色。雌鸟深绿色，上体及两胁多纵纹，臀近白色。幼鸟似成年雌鸟，但色黯淡且多纵纹。虹膜——褐色；嘴——角质褐色至灰色；脚——肉褐色。

【迁徙】垂直性迁徙的候鸟。

【生活习性】主要栖息于高山、松杉林、枞树林中以及开阔山麓。多在树上取食。

　　拍摄于黄龙国家级风景名胜区。

金翅雀

【学名】*Carduelis sinica*

【分类】雀科金翅雀属

【特征】体长约13厘米，具宽阔的黄色翼斑。成体雄鸟顶冠及颈背灰色，背纯褐色，翼斑、外侧尾羽基部及臀黄色。雌鸟似雄鸟但不及雄鸟鲜艳，幼鸟色淡且多纵纹。与黑头金翅雀的区别为头部无褐色图纹，体羽褐色较暖，尾呈叉形。虹膜——深褐色；嘴——偏粉色；脚——粉褐色。

【迁徙】留鸟，冬季游荡。

【生活习性】常单独或成对活动。栖息于疏林、林缘、农田、庭院，常在高树或电线上停息。主要以杂草种子和谷类为食，也食昆虫。

【保护状况】

（1）列入2018年《世界自然保护联盟濒危物种红色名录》（ver3.1）：无危（LC）。

（2）列入中国国家林业局2000年8月1日发布的《国家保护的有益的或者有重要经济、科学研究价值的陆生野生动物名录》。

拍摄于黄龙国家级风景名胜区。

高山岭雀

【学名】*Leucosticte brandti*

【分类】雀科岭雀属

【特征】体长约18厘米，高海拔岭雀。额、头顶前部黑色，头顶后部至上背灰褐色，下背及肩淡灰褐色，腰灰褐色，具玫瑰红色狭缘，尾上覆羽羽缘白色，尾羽黑褐色，两翼黑褐色，翼上覆羽大多淡灰褐色，具黑色羽心，外侧飞羽羽缘灰白色，内侧飞羽羽缘灰褐色；眼先及眼周黑色；下体灰褐色，具黑褐色羽干纹。虹膜——深褐色；嘴——灰色；脚——深褐色。

【迁徙】留鸟。

【生活习性】栖息于高山草坡、裸岩、砾石堆等处，常成群活动。食物以植物种子为主，也食昆虫。
　　拍摄于黄龙国家级风景名胜区。

林岭雀

【学名】*Leucosticte nemoricola*

【分类】雀科岭雀属

【特征】体长约15厘米，似麻雀，褐色。额、头顶及枕灰褐色，具灰色羽缘，形成鳞状斑，肩、背褐色，羽缘褐色，腰灰色，尾上覆羽黑褐色，具白色端斑，两翼和尾羽黑褐色，飞羽外翈具棕白色狭缘，内侧飞羽端缘白色，大覆羽、中覆羽褐色，具近白色端斑；头侧灰黄色，眉纹灰白色；下体灰褐色；胸侧及两胁具不明显的深褐色纵纹，腹部中央灰白色，肛周及尾下覆羽转淡。虹膜——深褐色；嘴——角质色；脚——灰色。

【迁徙】垂直迁徙候鸟。

【生活习性】栖息于多石的山坡和高山草甸。食物以植物为主，繁殖季节取食昆虫。

　　拍摄于黄龙国家级风景名胜区。

灰头灰雀

【学名】*Pyrrhula erythaca*

【分类】雀科灰雀属

【特征】体长约17厘米。雄鸟：嘴基周围和眼周黑色，外围一圈灰白色，头顶、后颈、背及肩均灰色，腰白色，两翼及尾羽黑色，具铜蓝色金属光泽，小覆羽灰色，大覆羽、中覆羽蓝黑色，羽端浅棕灰色；喉及上胸棕灰色，下胸、腹及两胁橙红色，尾下覆羽灰白色。雌鸟：背部沾葡萄褐色，大覆羽、中覆羽羽端棕色；下体葡萄褐色；其余体羽与雄鸟相似。虹膜——深褐色；嘴——近黑色；脚——粉褐色。

【迁徙】留鸟。

【生活习性】栖息于亚高山针叶林及混交林，冬季结小群生活，甚不惧人。以植物种子、草籽和昆虫为食。

拍摄于黄龙国家级风景名胜区。

燕雀

【学名】*Fringilla montifringilla*

【分类】雀科燕雀属

【特征】体长约16厘米，斑纹分明的壮实型雀鸟，胸棕而腰白。成年雄鸟头及颈背黑色，有醒目的白色肩斑和棕色的翼斑，且初级飞羽基部具白色点斑。非繁殖期的雄鸟与繁殖期雌鸟相似，但头部图纹明显为褐色、灰色及近黑色。虹膜——褐色；嘴——黄色，嘴尖黑色；脚——粉褐色。

【迁徙】在中国主要为冬候鸟和旅鸟。

【生活习性】栖息于海拔1500～3000米的阔叶及针阔叶混交林。以禾本科、沙草科、蓼科及作物种子等为食。

【保护状况】

（1）列入2016年《世界自然保护联盟濒危物种红色名录》（ver3.1）：无危（LC）。

（2）列入中国国家林业局2000年8月1日发布的《国家保护的有益的或者有重要经济、科学研究价值的陆生野生动物名录》。

拍摄于黄龙国家级风景名胜区。

戈氏岩鹀

【学名】*Emberiza godlewskii*

【分类】鹀科鹀属

【特征】体长约17厘米。似灰眉岩鹀，但头部灰色较重，侧冠纹栗色而非黑色。与三道眉草鹀的区别在于顶冠纹灰色。雌鸟似雄鸟但色淡。幼鸟头、上背及胸具黑色纵纹。虹膜——深褐色；嘴——蓝灰色；脚——粉褐色。

【迁徙】留鸟。

【生活习性】喜干燥而多岩石的丘陵山坡及近森林而多灌丛的沟壑深谷，也于农耕地活动。

拍摄于黄龙国家级风景名胜区。

小鹀

【学名】*Emberiza pusilla*

【分类】鹀科鹀属

【特征】体长约13厘米，具纵纹。头具条纹，雄雌同色。繁殖期成鸟体小而头具黑色和栗色条纹，眼圈白色。冬季雄雌两性耳羽及顶冠纹深栗色，颊纹及耳羽边缘灰黑色，眉纹及第二道下颊纹黄褐色；上体褐色而带深褐色纵纹，下体偏白，胸及两胁有黑色纵纹。虹膜——深红褐色；嘴——灰色；脚——红褐色。

【迁徙】冬候鸟。

【生活习性】栖息于平原、丘陵和山地，常活动于灌丛、草坡和耕地。食物主要以作物及杂草种子为主，也食金龟甲、叩头甲等昆虫。

【保护状况】

（1）列入2017年《世界自然保护联盟濒危物种红色名录》（ver3.1）：无危（LC）。

（2）列入中国国家林业局2000年8月1日发布的《国家保护的有益的或者有重要经济、科学研究价值的陆生野生动物名录》。

拍摄于黄龙国家级风景名胜区。

参考文献

[1]中国野生动物保护协会. 中国鸟类图鉴[M]. 郑州: 河南科学技术出版社, 1995.

[2][英]约翰·马敬能, [英]卡伦·菲力普斯, 等. 中国鸟类野外手册[M]. 卢和芬, 译. 长沙: 湖南教育出版社, 2000.

[3]李桂垣. 四川鸟类原色图鉴[M]. 北京: 中国林业出版社, 1993.

[4]赵欣如. 中国鸟类图鉴[M]. 北京: 商务印书馆, 2018.

[5]鲁长虎, 费荣梅. 鸟类分类与识别[M]. 哈尔滨: 东北林业大学出版社, 2003.

[6]侯森林, 周用武. 野生动物识别与鉴定[M]. 北京: 中国人民公安大学出版社, 2012.

[7]郑光美. 中国鸟类分类与分布名录[M]. 3版. 北京: 科学出版社, 2017.

[8]雷富民, 卢汰春. 中国鸟类特有种[M]. 北京: 科学出版社, 2006.

[9]中国科学院动物研究所. 中国动物主题数据库[DB/OL]. (2009-10-29). http://www.zoology.csdb.cn.

高等院校艺术设计类"十四五"规划教材

建筑室内外设计制图AutoCAD

AutoCAD for Architectural
Interior and Exterior
Design Drawing

主编 王 鹏 田志涌

中国海洋大学出版社
·青岛·

图书在版编目（CIP）数据

建筑室内外设计制图 AutoCAD ／ 王鹏，田志涌主编．— 青岛：中国海洋大学出版社，2022.6
　　ISBN 978-7-5670-3094-7

　　Ⅰ．①建… Ⅱ．①王… ②田… Ⅲ．①建筑制图－AutoCAD 软件－教材 Ⅳ．① TU204-39

中国版本图书馆 CIP 数据核字（2022）第 010675 号

出版发行	中国海洋大学出版社			
社　　址	青岛市香港东路 23 号		邮政编码	266071
出版人	杨立敏			
策 划 人	王　炬			
网　　址	http://pub.ouc.edu.cn			
电子信箱	tushubianjibu@126.com			
订购电话	021-51085016			
责任编辑	矫恒鹏		电　　话	0532-85902349
印　　制	上海万卷印刷股份有限公司			
版　　次	2022 年 7 月第 1 版			
印　　次	2022 年 7 月第 1 次印刷			
成品尺寸	210 mm×270 mm			
印　　张	12			
字　　数	339 千			
印　　数	1～4000			
定　　价	59.00 元			

发现印装质量问题，请致电021-51085016，由印刷厂负责调换。

前　言 | Preface

随着社会的发展和计算机技术的不断成熟，计算机辅助设计已经成为建筑室内设计、环境艺术设计、园林景观设计等专业的重要发展趋势。行业一线资深的设计师和高校内相关专业的学生已经把AutoCAD辅助制图技术列为必备的工作技能。AutoCAD辅助制图也成为当前建筑室内设计、环境艺术设计、园林景观设计等专业必修的基础课程。

本教材具有精练、系统和实用等优点，内容包括AutoCAD的基本操作、住宅室内设计、办公空间室内设计、餐饮空间室内设计以及住宅小区景观设计等。

本教材围绕"以能力为本位"的指导思想，以案例教学为主，注重将理论知识融入实际案例，能很好地解决初学者理论与实践脱节的问题。讲授内容层层递进，环环相扣，由简入繁，并且在讲授重要命令和工具时配合与之相关的实例操作训练，使学生能够在学完命令后紧跟练习，保证所学知识快速消化和吸收。

本教材选用了一些著名建筑装饰公司实际施工的综合性案例，内容丰富、翔实，可借鉴性强。通过对这些案例绘制方法和操作步骤的学习，学习者既可以对前期学习内容进行巩固与总结，又可以使自己熟练和灵活运用AutoCAD的能力得到强化。

本教材的编者均具有丰富的施工图设计经验和专业教学经验。编者结合自身多年的实践教学经验，紧密联系当前行业一线设计的需求和特点，图文并茂，将设计案例与相关建筑设计理论知识、流行的设计理念有机地结合起来，将建筑设计的工作流程融入实际操作中，让读者全方位掌握建筑设计制图的方法和技巧，力求将环境艺术设计的专业特色和AutoCAD辅助制图的技术要求完美融合。本教材既可以作为高等院校建筑室内设计、环境艺术设计、园林景观设计等专业的课程教材，也可以作为行业一线工作人员的参考资料。

在本教材的编写过程中，我们得到了吴荣、付春涛、刘欢、苏昌龙、王凡凡等许多建筑装饰业同行的支持和帮助，在此一并表示衷心的感谢。

由于编者水平有限，书中难免有不足之处，敬请专家和读者批评指正。

编者

2021年8月

内容简介

　　本教材秉承理论与实践相结合的原则，讲授了大量的操作实例，每个实例都与 AutoCAD 的使用技巧和命令紧密相关，这些操作实例也是建筑室内设计、环境艺术设计等工作者在今后的学习和工作中经常使用的。读者可以在学习 AutoCAD 制图技能的同时，理解和掌握环境艺术设计中的相关理论和技术。本教材内容翔实，操作步骤简明清晰，为读者从事设计学习和工作提供了切实的指导，也对行业一线工作人员具有较高的参考价值。

课时分配建议   总课时：82

项　目	内　容	建议课时
项目一	认识AutoCAD	2
项目二	AutoCAD绘图前的准备	2
项目三	AutoCAD创建二维图形	16
项目四	图形编辑	16
项目五	块的应用及距离和面积的测量	2
项目六	文字与标注的使用	2
项目七	打印图纸	2
项目八	住宅室内设计图绘制	10
项目九	办公空间室内设计图绘制	10
项目十	餐饮空间室内设计图绘制	10
项目十一	住宅小区景观设计图绘制	10

目　录 | Contents

项目一　认识AutoCAD

　　AutoCAD现已成为国际上广为流行的绘图工具，发展至今已相当完善，尤其对于设计行业来说，更是不可或缺的工具。本教材针对建筑室内设计、景观、园林、环境艺术设计、艺术设计、建筑学等专业，汇编了众多实用技法以及编者和学生在使用过程中会遇到的问题和解决办法，希望能给读者以帮助。

　　本教材以AutoCAD 2020简体中文版为主进行讲解，包括AutoCAD绘制图纸的基本知识和实用技巧等。实际上读者只要掌握了AutoCAD一个版本的绘图基本知识和技巧，就可以使用其他的版本。

任务一　AutoCAD的用户界面

　　启动AutoCAD后，进入绘图界面，如图1-1-1所示，就是AutoCAD 2020提供的绘图环境。此绘图环境与以往的版本有所不同，为了方便老版本用户上手，可以将现在这个绘图环境转换成经典的AutoCAD（① 显示菜单栏；② 点击"工具"—"选项板"—"功能区"，关闭功能区；③ 点击"工具"—"工具栏"—"AutoCAD"，把标准、样式、图层等勾上；④ 将当前工作空间另存为"经典"界面，如图1-1-2所示，以后直接右下角切换即可）。转换后的绘图环境如图1-1-3所示。

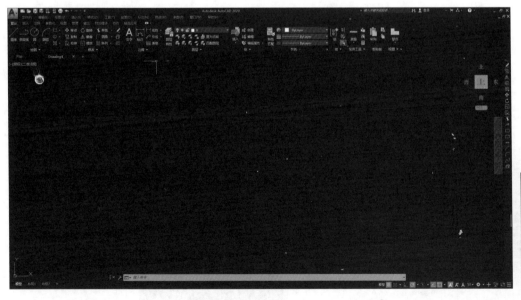

图1-1-1　　　　　　　　　　　　　　　　　　　　　　　　　　　图1-1-2

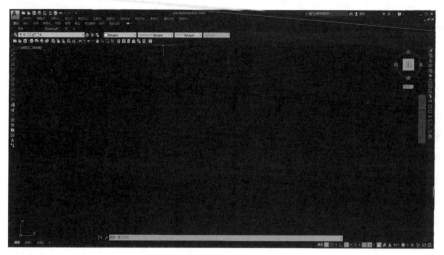

图1-1-3

如果界面背景是白色,如图1-1-4所示,我们可以通过"工具"—"选项",得到如图1-1-5所示的界面,然后在"显示"选项中,点击"颜色"标签,如图1-1-6所示,把颜色改为黑色,点击"应用并关闭",再点击"选项"里的"确定"按钮,即可把界面背景调为黑色。

图1-1-4

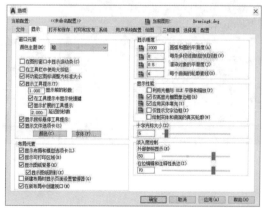

图1-1-5

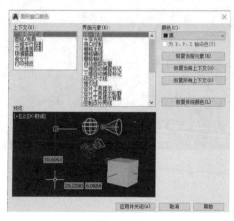

图1-1-6

一、标题栏

AutoCAD的标题栏位于工作界面的顶部，包含软件名称、当前图形文件名称、最小化、最大化（还原）和关闭按钮。

二、菜单栏

AutoCAD菜单栏位于标题栏下方，包括11个菜单项，单击任一菜单，用户就可以得到该菜单的一系列子菜单。这些菜单包含了AutoCAD常用的功能和命令。

三、工具栏

图1-1-7

使用工具栏上的按钮可以启动命令，显示弹出的工具栏和工具提示，还可以显示和隐藏工具栏、锁定工具栏和调整工具栏大小。

打开"视图"菜单，选择"工具栏"选项，即可打开如图1-1-7所示的"自定义用户界面"对话框；也可在菜单栏上点击"管理"—"输入"，再单击"自定义"打开。在此对话框中，可以选择打开或关闭某个工具栏。

一般工具栏开启后在工作区内处于浮动状态，将鼠标移到蓝色标题带上，按住鼠标左键可将工具栏拖放到界面的任何位置。

工具栏中的按钮还具有提示功能。当鼠标指向某个工具栏按钮并稍做停留时，按钮下方会显示该按钮的名称以及它的功能简述。

四、绘图窗口

绘图窗口是AutoCAD界面上最大的、含有用户坐标系图标的黑色区域，也称视图窗口。它是工作平台，所有的绘图、编辑修改操作都要在这个区域进行。鼠标移动到绘图区，变成"十"字光标，主要用于在绘图区域标识拾取点和绘图点，还可以标出定位点、选择修改对象。鼠标在绘图区以外为白色箭头状。

在绘图区域的右边和下面有两个滚动条，可以拖动鼠标或利用鼠标的滚轮进行视图窗口上下或左右的移动来观察图纸的任意部位。

在AutoCAD绘图区左下角有"模型"和"布局"两个命令，单击这两个按钮可以在模型空间和图纸空间之间进行切换。一般情况下，先在模型空间绘制图形，然后在图纸空间创建布局，输出打印图形。

五、命令行窗口

命令行窗口位于绘图窗口的下方，在绘图过程中可以直接在命令行里输入命令进行操作，执行命令后系统会提示用户下一步操作。

用户可以自定义命令行窗口的大小。将鼠标移到命令行窗口的边框线上，鼠标变成双向箭头后按住鼠标左键上下移动即可。命令行窗口越大，绘图区域就会越小，所以一般不要把命令行窗口设置得过大，能正常显示信息即可。

用户还可以单击其边框并按住鼠标左键拖动命令行窗口到任意位置。平时打开的界面中命令行窗口比较小，容纳的文本信息有限，所以AutoCAD又提供了文本窗口。一般状态下文本窗口处于隐藏状态，需要显示时单击"F2"键即可，如图1-1-8所示。

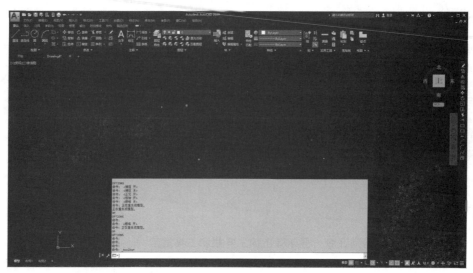

图1-1-8

六、状态栏

状态栏在界面的最下方，其作用是显示当前工作状态。状态栏右边是指示并控制工作状态的图标按钮。单击其中任意一个按钮均可切换当前的工作状态。当按钮被按下时颜色会发生变化，这表明对应的设置处于激活状态。

七、指令输入

（1）指令的输入方式。

必须输入相应的指令才可以用AutoCAD绘图，输入的指令可以是英文单词，也可以是单词的缩写。一般输入命令的方法有3种：从菜单栏中选择相应的命令；用鼠标单击工具栏上相应的图标按钮；在下方的命令行窗口中输入命令。

下面以绘制直线为例来详细解说3种命令输入的方式。

① 用鼠标单击"绘图"菜单，选择"直线"，如图1-1-9所示。

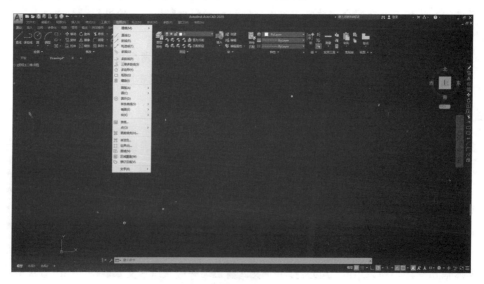

图1-1-9

② 单击工具栏"直线"图标 。
③ 用键盘输入直线（Line）命令英文单词简写L，单击回车键，命令行窗口显示如图1-1-10所示。

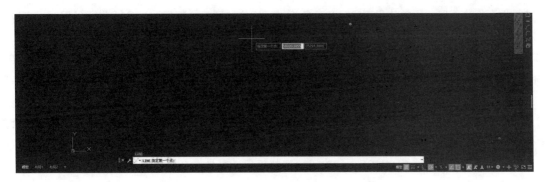

图1-1-10

此时可以用鼠标单击绘图区域的任意一点来确定直线的第一点位置，移动鼠标可以看到光标从第一点的位置上拉出一条直线，这条线以鼠标点击的第一点为定点，随鼠标移动改变方向，然后在绘图区域单击鼠标左键，选取直线的另一个端点，单击回车键或者空格键结束命令，这条直线就绘制完毕了。如果想继续绘制直线，可以再选取新的一点，继续画直线。

在绘图时，使用工具栏图标按钮比较直观，绘图速度会快一些，适合初学者。工具栏图标按钮有提示功能，初学者应熟记这些命令。对于熟练的制图人员，用键盘输入指令和应用快捷键效率最高。

（2）重复执行命令。

在绘图过程中，有时需要重复执行某个指令，在执行一次这个命令后，直接单击回车键或空格键，或在绘图区单击鼠标右键，如图1-1-11所示，选择右键菜单中的"重复×××"，这3种方式都可以重复执行命令。

（3）命令的撤销。

在绘图过程中，有时会出现输入错误，可以按"Esc"键取消当前命令，使其恢复到命令行显示为"命令"状态。

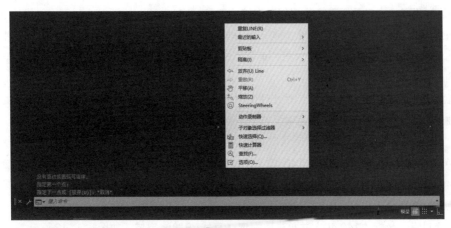

图1-1-11

八、坐标系与点的坐标输入方法

（1）坐标系。

在徒手用图板作图时，通常使用丁字尺和三角板进行定位和度量。而用AutoCAD进行绘图时，可以用坐标来精确定位。AutoCAD有两种坐标系：世界坐标系和用户坐标系。

① 世界坐标系英文全称为World Coordinate System，简称WCS，由三条互相垂直并相交于原点的坐标轴X轴、Y轴、Z轴组成，X轴正方向水平向右，Y轴正方向垂直向上，Z轴正方向垂直于XY平面向外，坐标系原点在绘图区左下角。

② 用户坐标系英文全称为User Coordinate System，简称UCS。在默认状态下，用户坐标系和世界坐标系是重合在一起的，如图1-1-12所示，坐标原点处的方格表示从用户坐标系的XOY平面上方观察。在绘图过程中，可以根据自己的需要来定义UCS。一般平面图都采用世界坐标系，在做三维图形时可能会用到用户坐标系。

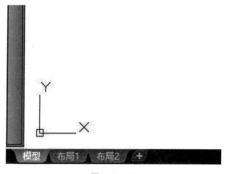

图1-1-12

（2）坐标精确输入方法。

一张图可以看作是由一些基本的图形（如圆、直线、椭圆）组成的。绘制这些对象时，都要输入点来确定它们的大小、位置和方向，所以精确地输入点很关键。

AutoCAD输入点的方法有以下4种。

① 通过键盘输入点的坐标。

② 打开"对象捕捉"图标▣，单击右键设置捕捉点，可以自动捕捉图上的某些特殊点。

③ 在绘图区域用鼠标左键单击某个位置即可直接拾取点。

④ 直接输入距离。移动鼠标指定一个方向，然后输入距第一点的距离来确定下一点，这种方法直接、容易，主要用于位移是直角的情况，此时可以把"正交模式"▣打开。

（3）点的坐标输入方式。

① 绝对直角坐标。在二维空间中，点的绝对直角坐标是指相对于原点（0,0）的X轴和Y轴的坐标。输入顺序是先输入X轴坐标值，再输入"，"，最后输入Y轴坐标值。

例：

绘制直线AB，A点（40,40），B点（140,40），过程如下。

A.输入L并单击回车键。

B.输入A点绝对直角坐标（40,40）并单击回车键。

C.输入B点绝对直角坐标（140,40）并单击回车键，直线AB绘制完成，如图1-1-13所示。

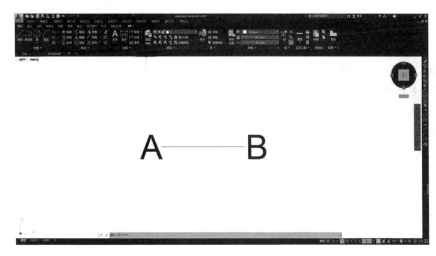

图1-1-13

② 绝对极坐标。极坐标是通过相对于极点的距离和角度来定义的。绝对极坐标以原点为极点，点与极点的距离为极半径，两点的连线与X轴的夹角为极角。输入方法为输入极半径，再输入"<"号隔开，然后输入极角。

在默认状态下，AutoCAD是以逆时针来测量角度的。水平向右为0°，水平向左为180°，垂直向上为90°，垂直向下为270°。

例：

绘制从原点到A点（150<60）的直线（图1-1-14），过程如下。

A.输入L并单击回车键。

B.输入原点的绝对直角坐标（0,0）并单击回车键。

C.输入A点的绝对极坐标（150<60）并单击回车键，直线绘制完成。

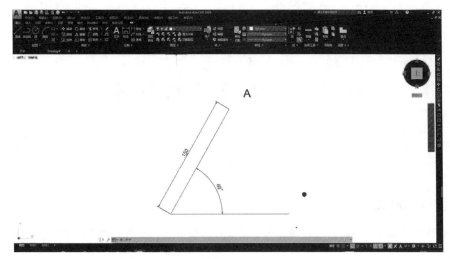

图1-1-14

③ 相对直角坐标。点的相对直角坐标是指该点相对于前一输入点的坐标增量，如图1-1-15所示，绘制直线BC时，B（120,20）点为第一点，C（100,40）点为第二点，C点的相对直角坐标就是C点相对于B点的坐标增量（-20,20）。AutoCAD规定所有相对坐标的前面都要添加一个@符号以区别于绝对坐标。C点的相对直角坐标的

键盘输入为（@-20,20）。若换算成绝对坐标，C点坐标就是（100,40）。

例：

绘制从B点到C点的直线，过程如下。

A.输入L并单击回车键。

B.输入B点绝对直角坐标（120,20）并单击回车键。

C.输入C点相对直角坐标（@-20,20）并单击回车键，直线绘制完毕。

④ 相对极坐标。相对极坐标的极半径是指该点与前一输入点之间的距离，极角是指该点与前一输入点之间的连线与X轴的水平向右方向之间的夹角，系统默认情况下逆时针为正，顺时针为负。

例：

绘制从A点到B点的直线（图1-1-16），B点相对于A点的相对极坐标的键盘输入为（@50<60），绘制过程如下。

A.输入L并单击回车键。

B.输入A点的绝对极坐标（100<45）并单击回车键。

C.输入B点的相对极坐标（@50<60）并单击回车键或者单击空格键结束，直线绘制完毕。

注意：在输入坐标时要使用半角英文字符。

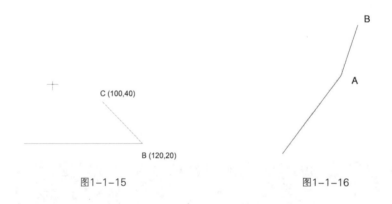

图1-1-15   图1-1-16

任务二　基本文件操作

文件操作是指创建新文件、打开已有文件、保存文件和关闭文件。AutoCAD和Windows应用程序（如Word、Excel）在文件操作方面基本一致，所以本任务的内容比较简单易懂。

一、打开已有图形文件

如果想在原有的图形文件上进行修改或绘制等有关操作，就必须打开原有的图形文件。打开已有绘图文件有以下几种方式。

① 单击"文件"，选择"打开"。

② 单击"打开"图标 。

③ 在命令行中输入Open。

④ 同时按"Ctrl"和"O"键。

不管使用以上哪种方式，都将出现如图1-2-1所示的"选择文件"对话框。找到要打开的文件并选中它后，单击"打开"按钮即可打开该图形文件。

图1-2-1

二、新建图形文件

AutoCAD启动后会自动建立一个新的图形文件Drawing1.dwg，在操作过程中可能需要新建另一个文件绘制其他图形。新建图形文件有以下几种方式。

① 单击"文件"，选择"新建"。

② 单击"新建"图标 ■。

③ 在命令行中输入New。

④ 同时按"Ctrl"和"N"键。

不管采用以上哪种方式，都将打开如图1-2-2所示的"选择样板"对话框。"Template"为样板文件夹，窗口列表中是程序自带或自己预先设定的样板文件。一般使用默认的样板文件acadiso.dwt建立新绘图文件，或者单击"打开"按钮旁边的"▼"按钮，出现如图1-2-3所示的选项。无样板打开有两种单位：英制和公制。我们国家采用的都是公制单位，所以可以选择"无样板打开-公制"，建立新的绘图文件。

图1-2-2

打开(O)
无样板打开 - 英制(I)
无样板打开 - 公制(M)

图1-2-3

三、保存图形文件

在绘图过程中要养成每隔一段时间就保存文件的习惯，以防断电或其他意外使绘图数据丢失而给工作或学习带来不必要的麻烦。保存文件有以下几种方式。

① 单击"文件"，选择"保存"。

② 单击"保存"图标 。

③ 在命令行中输入Save。

④ 同时按"Ctrl"和"S"键。

如果是第一次保存文件，会打开如图1-2-4所示的"图形另存为"对话框，选择保存文件的目录，输入自定义的文件名称，建议不要采用默认的文件名称Drawing1.dwg。

如果不是第一次保存文件，则字节或图形将保存到原来文件中。如果要把绘图文件保存为别的名字或保存到别的目录下，可以用以下方法。

① 单击"文件"，选择"另存为"。

② 单击"另存为"图标。

③ 在命令行中输入Save as。

执行命令后会出现如图1-2-4所示的对话框，可以更改文件的名称或者更改文件存放的路径。

图1-2-4

四、关闭图形文件

关闭图形文件，可以采用以下 3 种方法。

① 单击"文件"，选择"关闭"。

② 单击"关闭"图标。

③ 在命令行中输入Close。

五、多文档操作

AutoCAD具有多文档操作的特性，可以同时打开多个图形文件，每个打开的文件都会占用一个窗口。屏幕上显示的图形是当前窗口中的图形，多个文件之间可以相互切换。单击菜单窗口，打开下拉菜单，菜单底部为打开的文件名称，前面有"√"的文件是当前窗口显示的图形，单击其中的一个文件名，或者同时按"Ctrl"和"Tab"键，可将其显示为当前窗口。

六、退出AutoCAD

退出AutoCAD常用方法有以下3种。

① 单击"文件"，选择"退出"。

② 单击右侧的"关闭"图标 ⊠ 。

③ 在命令行中输入Exit或Quit。

采用以上任何一种命令都可以退出AutoCAD。

如果图形文件没有存盘，会出现如图1-2-5所示的对话框，提示是否存盘，有3种选择方式。

① 单击"是"，保存文件后退出系统。

② 单击"否"，不保存文件，退出系统。

③ 单击"取消"，取消退出操作，不退出AutoCAD。

需要注意的是，退出系统前要认真查看弹出窗口的提示，保存需要的图形文件之后再关闭，避免绘图数据丢失。

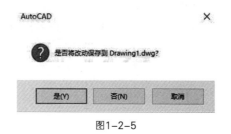

图1-2-5

项目二　AutoCAD绘图前的准备

任务一　视图显示的控制

一、缩放屏幕的方法

由于屏幕显示区域的限制，在用AutoCAD绘制图形时，会有缩小或放大图形的比例和范围的需求，但前提是图形的实际尺寸必须保持不变。AutoCAD有以下几种缩放显示（Zoom）命令的操作方法。

1.命令行操作

在命令行中输入Zoom或Z（缩放命令的缩写形式），在下边的操作提示栏中会出现下列字样显示。

> 指定窗口的角点，输入比例因子（nX或nXP），或者
> [全部（A）/中心（C）/动态（D）/范围（E）/上一个（P）/比例（S）/窗口（W）/对象（O）]<实时>：输入a，点击回车键后观察显示效果。

2.菜单命令操作

在屏幕最上方的菜单栏中单击"视图"—"缩放"，然后在右侧的一列命令中选择需要的缩放命令，如图2-1-1所示。

3.工具栏图标操作

点住工具栏中图标不放，根据操作需要单击下拉列表中相应图标，如图2-1-2所示。

4.滚动鼠标的滚轮

轻轻滚动鼠标中间的滑轮可实现缩放视图，向前滚动即为放大，向后滚动即为缩小。

提示：在屏幕上如果有一个带小三角形的图标，那么单击这个小三角形不放就会弹出一组图标。移动鼠标选择需要的命令后放开，这个命令就是已经被选中的状态了。

使用上述所说的 3 种方法中的任何一种，缩放显示命令都会有若干个选项，[全部（A）/中心（C）/动态（D）/范围（E）/上一个（P）/比例（S）/窗口

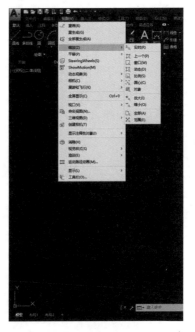

图2-1-1

图2-1-2

（W）]<实时>，各个选项的含义如下。

（1）全部（A）。

"全部（A）"选项可以在整个屏幕的绘图区域内显示整个图形。

（2）中心（C）。

"中心（C）"选项是在绘图区域内点击鼠标指定一个显示中心，输入需要缩放的比例或对其显示的高度进行缩放，从而显示我们绘制的图形。

（3）动态（D）。

"动态（D）"全称为动态调整窗口大小和自由选取观察区。

（4）范围（E）。

"范围（E）"可以理解为将所有图形显示在整个屏幕上。

（5）上一个（P）。

"上一个（P）"可以理解为恢复显示上一次缩放操作前的视图。

（6）比例（S）。

"比例（S）"可以理解为按比例系数缩放视图。

（7）窗口（W）。

"窗口（W）"指输入两个对角点确定一个矩形窗口，窗口内的图形将放大到整个屏幕。

（8）实时。

"实时"可以理解为没有比例尺寸要求，可任意缩放到绘图者认为合适的大小。

二、平移视图

在绘制图形的过程中，由于绘图区域中的可视范围有限，当前绘制的图形不一定会全部显示在屏幕内，若想查看可视范围以外的图形就需要使用平移命令，因为相对其他命令而言该命令操作起来更快、更直观、更简便，所以在绘图中常常会使用该命令。

具体的平移命令的操作方法有如下几种。

① 在命令行中输入平移快捷键"P"，随即在屏幕上的"十"字光标就会变成手型，此时点击鼠标左键即可移动视图观察图形了。要取消当前命令，可点击键盘上的"Esc"键或"Enter"键，或单击右键显示快捷菜单，点击"确定"命令。

② 在菜单栏中单击"视图"按钮，点击"平移"命令后，会有以下几个选项：实时、点、左、右、上、下，分别应用于观看不同的命令效果。

③ 单击图标 ，接下来在下面命令行中的操作同方法①。

④ 按住鼠标滚轮不放，拖动鼠标，也可以达到平移视图的效果。

⑤ 在没有任何对象被选中的情况下，在绘图屏幕区右键弹出快捷菜单，单击"平移"选项来平移视图。

此处建议使用鼠标滚轮来达到平移的效果，这是几种方法中最快捷的一种。

三、鸟瞰视图

在绘制较大图形的过程中，为了方便了解当前图形在视图中的位置，AutoCAD中提供了"鸟瞰视图"这一项功能，即在高空中俯视图形，可以很快找到所要观看的图形，并且可以放大查看。

鸟瞰视图命令的操作方法具体有以下几种。

① 在命令行中输入命令dsviewer，按下回车键后，屏幕右下角会产生一个小窗口。在这个窗口中会显示图形的全貌，窗口中还有一个黑色的粗线框，框中的图形会显示在当前屏幕的工作窗口中。鸟瞰视图的操作方法与我们前面所讲的动态缩放命令操作相同。在鸟瞰视图中单击左键，会出现带"×"符号的矩形框，移动鼠标改变矩形框的位置，单击左键，矩形框中心的"×"符号消失，右边出现一个向右的箭头，此时把鼠标向左移动，矩形框随即缩小，把鼠标向右移动，矩形框随即放大。再单击左键，矩形框恢复为带"×"符号的形状。移动鼠标，调整矩形框的大小和位置，选择要观察的区域，单击鼠标右键，则矩形框所选区域显示在整个屏幕区域内。

注意：鸟瞰视图占用了屏幕上主视图的一部分，会影响对主视图的观察，所以只有在图形范围较大时，使用了鸟瞰视图功能才有较大的优越性。小窗口关闭后当前命令随即就被取消掉了。

② 在菜单栏中单击工具选项板中的"视图"按钮，在命名视图中，点击"未保存的视图"后面的小三角形，在下拉菜单中选择"俯视"，如图2-1-3所示。接下来的步骤同①。

图2-1-3

任务二　设置绘图环境

一、设置图形单位

设置图形单位，有以下2种设置方法。

1.命令行操作

在命令行中输入单位命令Units或快捷键Un，单击回车键后系统随即打开"图形单位"对话框，如图2-2-1所示。具体操作步骤如下。

（1）设置长度单位。

在长度设置中需要设置长度类型和精度。

① 单击"类型"选框右边的下拉箭头，将出现长度单位类型的列表选项。长度类型一般选择"小数"。

② 单击"精度"列表，有9种选择，可以根据所绘图形的要求来确定精度。一般情况下可以选择0.0000。

（2）设置角度单位。

设置角度单位，也要设置类型和精度，还要设置角度方向。

① 在"类型"列表中选择角度的类型。一般情况下选择"十进制度数"。

② 单击"精度"列表，可选择角度精度。

③ "顺时针"的复选框可以确定测量角度的方式。选中复选框，表示角度的正方向为顺时针方向；不选，则为系统默认的方式，表示角度的正方向为逆时针方向。

单击"方向"按钮，系统弹出"方向控制"对话框，可以通过该对话框定义角度的方向，如图2-2-2所示。

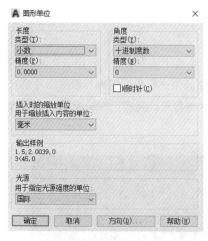

图2-2-1

图2-2-2

2.菜单操作

在菜单栏中单击"格式"按钮，点击"单位"命令后，弹出图形单位设置对话框，接下来的步骤同命令行操作。

二、设置图形界限

图形界限是在一个矩形绘图区域内，由矩形的左下角点和右上角点两个对角点确定的范围。在AutoCAD中一般会按图形的真实大小（即1:1）进行绘制，所以在设置图形界限时可以根据图纸的大小和图形的比例来确定设置的范围。例如，在A3的图纸上，图形的比例为1:100，则图形界限的矩形绘图区域大小为42000 mm×29700 mm。AutoCAD默认的图形界限为A3图纸，即为420 mm×297 mm。

设置图形界限的具体操作步骤如下。

① 在命令行中输入图形界限命令limits，回车后在命令行中会有如下显示。

命令：limits

重新设置模型空间界限：

指定左下角点或[开（ON）/关（OFF）]<0.0000,0.0000>：

现在我们需要输入矩形绘图区域的左下角点，一般采用默认值（0,0），然后单击回车键即可，随即又出现：

指定右上角点为<420.0000,297.0000>：

此时，我们要输入右上角点（42000,29700），回车后图形界限设置也就完成了。

注意：在提示行中还有两个选项"开（ON）"和"关（OFF）"。"开"表示打开图形界限检查，当显示为打开时，如果所绘制的图形超出了图形界限，软件将会发出警告，拒绝绘制图形。"关"表示关闭图形界限检查，当关闭检查时，绘制图形就不会受到限制了，可以在界限之外绘图，这是系统的默认设置，有利于我们作图。

② 在菜单栏中单击"格式"按钮，点击"图形界限"命令（图2-2-3），接下来的步骤同①。

注意：在实际绘图的过程中，图形的输出是在图纸空间中进行的，图形界限对出图的尺寸比例没有影响，所以一般不设置图像界限，只要检查图形界限处于关闭状态即可。其实，在AutoCAD系统默认的状态下图形界限检查就是关闭的，所以我们不用做任何更改。

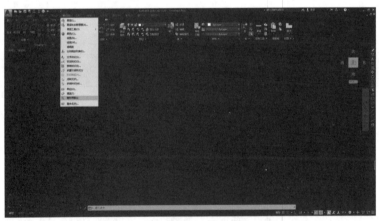

图2-2-3

三、绘图辅助工具

AutoCAD软件自身提供了一些辅助绘图的工具命令，也就是我们所说的绘图辅助工具，其中包括捕捉与栅格、正交、对象捕捉、极轴追踪、对象追踪、动态输入、线宽和模型，这些命令本身不产生任何作用，而是在我们绘制图形时起到一些特殊的效果，辅助我们精确制图，从而提高绘图的准确性和速度。

1.捕捉与栅格

（1）捕捉。

捕捉是约束鼠标移动的工具。打开捕捉功能后，移动光标时，光标一闪一闪，只能停留在栅格点上。启动捕捉命令有以下3种方法。

① 按下键盘上的"F9"键，可以打开或关闭捕捉功能。在窗口下边的命令行中就会有显示。

② 单击"捕捉"图标▦，如果显示按钮方框变为蓝色，则捕捉功能为开启状态；如无颜色变化，则捕捉功能为关闭状态。

③ 在命令行中输入捕捉命令snap，会有如下显示。

> 指定捕捉间距或[打开（ON）/关闭（OFF）/纵横向间距（A）/传统（L）/样式（S）/类型（T）]<10.0000>：在该提示下输入捕捉间距、传统、样式、类型，操作试验不同的捕捉效果。

在对象捕捉时，捕捉的间距也是可以进行设置的，方法有两种：一是右击状态栏中的"捕捉"按钮，然后选择"设置"选项；二是在菜单栏中单击"工具"按钮，然后选择"绘图设置"，出现如图2-2-4所示的"草图设置"对话框，可以在捕捉间距中设置X轴间距和Y轴间距，这两个间距可以是相同的，也可以是不同的，所给的数值均为X轴和Y轴方向上光标移动时的最小栅格数值。通常情况下捕捉和栅格是配合使用的，这样就能用鼠标准确地定位了。

图2-2-4

（2）栅格。

栅格是由很多可以看到的、有规则的点组成的，类似于绘制园林图时用的网格坐标纸。

① 打开或关闭栅格。栅格是可以打开的，也是可以关闭的，一般在默认状态下是关闭的。我们打开或关闭栅格的方法有如下两种。

（a）在键盘上按下"F7"键，可以打开或关闭栅格命令。用鼠标滚轮拖动视图，栅格会移动。

（b）单击状态栏里的"栅格"图标▦，如果按钮方框变为蓝色，则栅格功能为开启状态；如无颜色变化，则栅格功能为关闭状态。

② 设置栅格大小。由于栅格是一种需显示的状态，所以栅格只能显示在图形界限之内，而且不能作为图形的一部分打印出来。如果栅格过密，窗口不能显示，即栅格的间距相对于图形界限来说尺寸过小，则需要重新调整栅格的大小。设置栅格大小的方法有以下两种。

（a）右击状态栏的"栅格"按钮，弹出右键快捷菜单。单击"设置"选项，弹出如图2-2-4所示的"草图设置"对话框，可以设置栅格X轴间距和栅格Y轴间距来调节栅格的大小。

（b）在菜单栏中单击"工具"，在下拉菜单中单击"绘图设置"按钮，打开"草图设置"对话框，选择"捕捉和栅格"选项，如图2-2-4所示，设置方法同上。

注意：栅格是用来帮助定位的，如果与捕捉功能配合使用，对提高绘图的精确度作用就更大。

2.正交

我们用鼠标直接画垂直线和水平线并不容易，AutoCAD提供的正交功能为我们解决了这一难题，便于我们快速、准确地绘制出水平线和垂直线。

启动正交命令的方法有以下2种。

① 在键盘上按下"F8"键，可以快速地打开或关闭正交功能。

② 单击状态栏中的"正交"图标■，如果按钮方框变为蓝色，则正交功能为开启状态；如无颜色变化，则为关闭。

打开正交功能后，光标只能沿水平或垂直方向移动。

3.对象捕捉

在绘图时，我们经常要获取已绘制图形上的特征点来绘制图形，如线段的中点、端点或某些其他特殊的点，此时使用对象捕捉工具就能更方便快捷地捕捉到这些特殊点了。

对象捕捉分为以下2种捕捉方式。

（1）临时对象捕捉。

临时对象捕捉是指对象捕捉命令运行一次就结束了，要继续捕捉点，必须再次启用该命令。临时对象捕捉命令启动方法有如下几种。

① 单击"工具"—"工具栏"—"AutoCAD"—"对象捕捉"，如图2-2-5所示，打开如图2-2-6所示的对象捕捉工具栏，然后单击所要选用的捕捉方式，就可以进行捕捉了。

② 右键菜单。在绘图区域按住"Shift"键的同时单击右键，弹出如图2-2-7所示的快捷菜单，然后单击所要选用的捕捉方式即可。

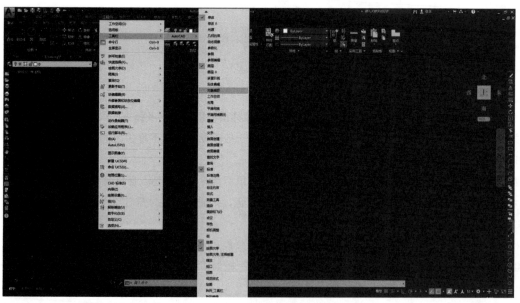

图2-2-5

图2-2-6

图2-2-7

（2）对象捕捉功能一直开启。

运行对象捕捉功能，使对象捕捉命令一直处于打开状态，可以根据需要随时捕捉所需要捕捉的特征点。打开/关闭对象捕捉功能的方法有如下几种。

① 在键盘上按下"F3"键，可以打开或关闭对象捕捉功能。

② 单击状态栏中的"对象捕捉"按钮，如果按钮方框变为蓝色，则对象捕捉功能为开启状态；如无颜色变化，则对象捕捉功能为关闭状态。

绘图时，需要先进行捕捉类型设置，方法有两种。

一是将鼠标移动到状态栏的"对象捕捉"图标 上单击右键，然后单击"对象捕捉设置"选项；二是在菜单栏中单击"工具"菜单下的"绘图设置"，打开"草图设置"对话框，弹出如图2-2-8所示的"草图设置"对话框，选择"对象捕捉"，勾选所需的捕捉类型，点击"确定"即完成设置。

绘制如图2-2-9所示的图形，说明使用对象捕捉功能的方法。

在命令行中输入命令：L↙（直线命令）

指定第一点：（在屏幕上单击左键拾取A点）

指定下一点或[放弃（U）]：（打开正交）输入150↙

指定下一点或[放弃（U）]：↙（结束直线命令，直线AB绘制完成）

在命令行中输入命令：c↙（绘制圆的命令）

指定圆的圆心[三点（3P）/两点（2P）/相切、相切、半径（T）]：（使用临时对象捕捉功能捕捉直线AB的中点C，按"Shift"键同时单击右键，在弹出的菜单中选择中点，将光标移动到直线中点附近，直线上出现中点的捕捉标记，单击左键，中点随即就被捕捉到）

指定圆的半径或[直径（D）]<30.0000>：30↙（输入数值为圆的半径，回车后圆绘制完成）

图2-2-8

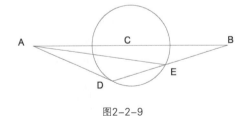

图2-2-9

把光标移动到状态栏"对象捕捉"按钮上单击鼠标右键，弹出右键菜单，单击"捕捉设置"选项，弹出"草图设置"对话框，选中端点、切点、交点，单击"确定"，完成捕捉类型设置。单击状态栏"对象捕捉"按钮，按钮方框变为蓝色后即启动对象捕捉功能，同时关闭正交模式。

命令：L↙（直线命令）

指定第一点：（将光标移动到直线AB的A端附近，直线上出现端点的捕捉标记，单击左键，捕捉到A点）

指定下一点或[放弃（U）]：（将光标移动到圆上D点附近，圆上出现切点的捕捉标记，单击左键，捕捉到D点）

指定下一点或[放弃（U）]：↙（结束命令，直线AD绘制完成）

命令：L↙（直线命令）

指定第一点：（将光标移动到直线AB的B端附近，直线上出现端点的捕捉标记，单击左键，捕捉到B点）

指定下一点或[放弃（U）]：（将光标移动到圆上D点附近，在圆和直线的交点上出现交点的捕捉标记，单击左键，捕捉到D点）

指定下一点或[放弃（U）]：↙（结束命令，直线BD绘制完成，并与圆相交于E点）

命令：L↙（直线命令）

指定第一点：（将光标移动到直线AB的A端附近，直线上出现端点的捕捉标记，单击左键，捕捉到A点）

指定下一点或[放弃（U）]：（将光标移动到E点附近，在圆和直线的交点上出现交点的捕捉标记，单击左键，捕捉到E点）

指定下一点或[放弃（U）]：↙（结束命令，直线AE绘制完成）

4.极轴追踪和对象捕捉追踪

（1）极轴追踪。

极轴追踪是指用指定的角度来绘制对象。用户在极轴追踪模式下确定目标点，系统会在光标接近指定的角度上显示临时的对齐路径，并自动在对齐路径上捕捉距离光标最近的点，同时可据此准确地确定目标点。设置极轴追踪的操作步骤如下。

① 点击"工具"—"草图设置"，在随即弹出的对话框中单击"极轴追踪"选项，在增量角中输入角度值，进行角度设置，如图2-2-10所示，单击"确定"完成操作。打开极轴追踪功能，移动光标时会在指定角度或角度倍数的位置上出现对齐路径与提示，如图2-2-11所示，可以直接输入该方向上的距离，准确定位点的坐标。

图2-2-10

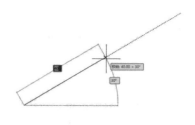

图2-2-11

②在键盘上按下"F10"键，可以切换打开或关闭极轴追踪功能。

③单击"极轴追踪"图标，如果按钮方框变为蓝色，则极轴功能为开启状态，如无颜色变化，则为关闭状态。

用极轴追踪绘制图2-2-12中的直线AB，直线AB与水平线夹角为30°，长度为40 mm。

先设置极轴追踪的角度增量值为30°，方法同上面的介绍。

单击状态栏图标，按钮变蓝，启动极轴追踪功能。

> 在命令行中输入直线命令：L✓
>
> 指定第一点：（在屏幕任意位置单击左键拾取A点）
>
> 指定下一点或[放弃（U）]：40（光标移动到30°角度上，出现对齐路径和提示后输入直线的长度40即可追踪到B点）
>
> 指定下一点或[放弃（U）]：✓（回车结束命令，直线AB绘制完成）

（2）对象捕捉追踪。

对象捕捉追踪功能可以被看作对象捕捉和极轴追踪功能的联合应用。我们可以通过对象捕捉功能确定对象的某一点，然后以该点为基准点进行追踪，以得到准确的目标点。

打开/关闭对象追踪的方法有以下两种。

①按下键盘上的"F11"键，可以切换打开或关闭对象追踪捕捉功能。

②单击状态栏中的"对象捕捉追踪"图标，如果按钮方框变为蓝色，则对象捕捉追踪功能为开启状态，如无颜色变化，则为关闭状态。

用对象捕捉追踪绘制图2-2-12中的点，该点位于A点正右方与B点正上方的交点处。

接上例绘制，先进行点的样式设置，将点的样式设置成图2-2-13中的样式。

单击状态栏"极轴追踪"图标，按钮显示为灰色，关闭极轴追踪功能。单击状态栏按钮"对象捕捉"图标，按钮显示为蓝色，启动对象捕捉功能。单击状态栏"对象捕捉追踪"图标，按钮显示为蓝色，启动对象捕捉追踪功能。

> 在命令行中输入命令：po✓（点的命令）
>
> 指定点：（当光标移动到A点时，出现端点捕捉标记，光标向右移动出现对齐路径与提示，然后将光标移动到B点，同样出现端点捕捉标记后，光标向上移动，也出现对齐路径与提示，将光标继续向上移动到与A点平齐，两条对齐路径同时出现，交点就是所追踪的点，此时单击左键，完成点的绘制）

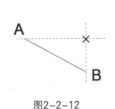

图2-2-12

图2-2-13

任务三　应用图层

　　图层相当于纸绘图中使用的重叠图纸，是图形绘制中的主要组织工具。可以使用图层将信息按功能编组，也可以执行线型、颜色及其他标准。

　　注意：新建一个文件后，系统自动生成一个名为"0"的图层，该图层所用的线颜色为白色，线型为实线，线宽为默认值（0.25 mm）。"0"图层不能被删除和重命名。如果不建立其他图层，所绘制的对象都默认在"0"图层。一般来说，在绘制图形前，要根据需要先建立几个图层，并设置各个图层的特性。

一、创建图层及设置图层特性

　　在图形绘制过程中可以根据需要来创建新的图层。我们可以通过图层特性管理器对话框来新建图层，方法如下。

　　① 在菜单栏中单击"格式"按钮后选择"图层"命令。

　　② 在工具栏中单击"图层特性"图标🗂。

　　③ 在命令行中输入Layer或La。

　　用上述3种方法中的任一种输入命令后，都会弹出如图2-3-1所示的"图层特性管理器"对话框，对话框中只有默认的"0"图层。在这个对话框中可以新建图层以及设置图层的特性。

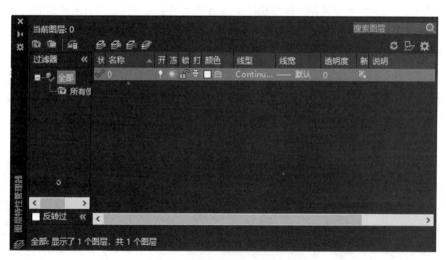

图2-3-1

　　以图2-3-2为例，介绍绘制图形前如何创建新图层和设置图层的特性。这三条线的线型和粗细各不相同，分别是粗虚线、粗点圆线和中实线，需要分别在三个图层上绘制，即需要建立三个图层。

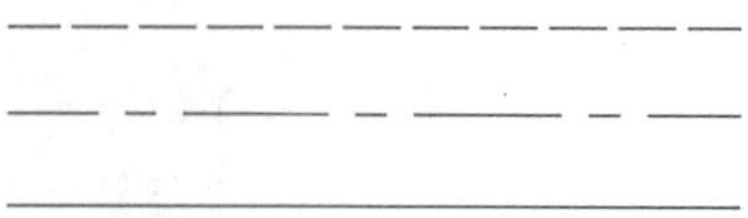

图2-3-2

（1）新建图层。

在弹出的"图层特性管理器"对话框中单击"新建"图标![图标]，在图层列表中新建图层位于"0"图层的下方，图层的属性与上一个图层相同。一般默认名称为"图层1"。对各个图层的名称可以根据自己的需要任意更改。新建图层，图层名处于可更改状态，可任意更改；对于已建图层，先单击选中图层，再单击图层名，使其处于可修改状态，再输入图层名称。图层名最多可以采用31个用户字符，可以是中文、英文，但图层名应该一看就知道图层的内容，以便编辑管理，如图2-3-3所示。

（2）设置图层颜色。

图层的颜色是指在当前图层所绘图形的颜色。可以把每一图层设置为一种颜色。不同的图层可以设置相同的颜色，也可以设置不同的颜色。

在"图层特性管理器"对话框中，可以单击粗虚线图层的颜色色块，弹出如图2-3-4所示的"选择颜色"对话框，来调节线的颜色。

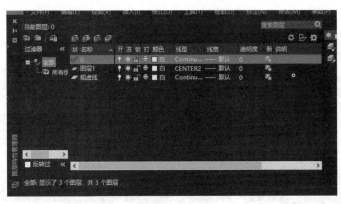

图2-3-3

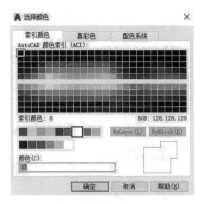

图2-3-4

（3）设置图层线型。

每一对象和每一图层都有一个相应的线型，不同的图层可以设置相同的线型，也可以设置不同的线型。

在"图层特性管理器"对话框中，单击粗虚线图层中线型名为"Continuous"的线型，弹出如图2-3-5所示的"选择线型"对话框，对话框中列出了已加载的线型，只有一种默认线型"Continuous"，没有所需要的线型，单击"加载"按钮，弹出如图2-3-6所示的"加载或重载线型"对话框，在其下有很多系统自带的线型，可以满足我们对线型的需求。在对话框中选择线型"ACAD_ISO02W100"，单击"确定"，回到"选择线型"对话框，线型就加载到已加载的线型列表区中。在列表区中选择线型，单击"确定"，即可回到"图层特性管理器"对话框。

（4）设置图层线宽。

设置图层线宽也就是为图层的线指定宽度。

设置时要按规范的要求选择线宽。规范中宽有 0.13 mm、0.18 mm、0.25 mm、0.35 mm、0.5 mm、0.7 mm、1 mm、1.4 mm、2 mm，线宽的粗、中、细的比例为 4∶2∶1。

系统默认的图层线宽为 0.25 mm，在这里粗虚线图层的线宽我们要用的是 0.7 mm，需要重新设置。在"图层特性管理器"对话框中，单击粗虚线图层的线宽，弹出如图2-3-7所示的"线宽"对话框，选择 0.7 mm 线宽，单击"确定"，粗虚线图层创建完成，如图2-3-8所示。其他两个图层的创建方法相同。

注意：最后关闭"图层特性管理器"对话框，退出"图层特性管理器"。

图2-3-5

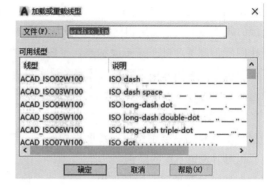

图2-3-6

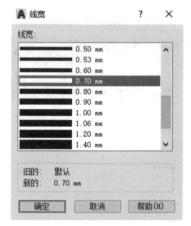

图2-3-7

图2-3-8

二、设置当前图层

要把对象绘制到相应的图层上，就必须选择相应的图层作为当前图层，因此在绘图前我们要先建立好一些图层。当前图层的状态如图2-3-9所示，"当前图层：0"，该图层的状态显示为 ✓。

当前图层的设置有如下3种方法。

① 单击"图层特性"图标🗐。打开"图层特性管理器"对话框，单击要设置为当前图层的图层名称，然后单击"置为当前"图标🗐，或者直接双击要选择的图层，此图层就被选为当前图层，关闭"图层特性管理器"，即完成当前图层的设置。

② 点击图层的下拉列表，如图2-3-10所示，单击要设为当前图层的图层名称，即完成当前图层的设置，还可以用这种方法快速改变已做好的图形的图层。

③ 单击图层工具栏，然后单击当前图层设置为选定对象所在的图层的图标按钮🗐，光标在绘图区域变成小方框，把鼠标移动到一个对象上单击，则我们所选择图形所在的图层就成为当前图层。

图2-3-9

图2-3-10

三、修改对象的图层

在图形绘制过程中，有时会忘记变换图层，致使所画图形都在一个图层上或处于混乱状态，或者在使用过偏移、复制等命令后，绘制的对象仍保持原对象的图层，这时就需要修改对象的图层了。

修改对象的图层有如下 2 种方法，以图2-3-11为例进行介绍。

图2-3-11

（1）从图层工具栏中修改。

选择要修改图层的图形，如先选中第二条直线，单击图层工具栏中当前图层状态框右侧的箭头，打开图层下拉列表，如图2-3-10所示，单击所要修改图层的名称，再按"Esc"键确定。

（2）从特性控制面板修改。

在这里我们要先选择需要修改图层的对象，如先选中第三条线，单击"特性"按钮，打开"特性"面板，如2-3-12所示，可以看到线的各种特性，单击图层所在栏，单击右边的下拉箭头，点击该图层，关闭"特性"对话框，再按"Esc"键确定。

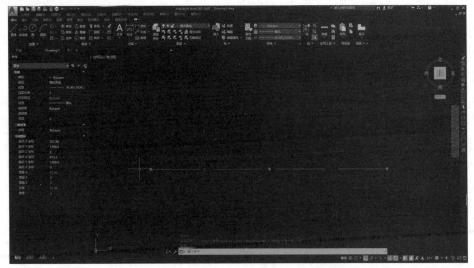

图2-3-12

所绘制图形的线型、线宽、颜色等也可以通过对象特性工具栏（图2-3-13）和"特性"面板修改。在默认状态下，对象的这些特性都与图层特性是保持一致的。一般会通过图层来修改这些特性，避免在打印出图时出现问题。

图2-3-13

四、设置图层状态

我们可以在"图层特性管理器"和图层工具栏中看到各个图层当前的状态，而且还可以对图层的状态进行修改。图层的状态有打开/关闭、冻结/解冻、锁定/解锁几种。

（1）打开/关闭图层。

打开时，图层上的图形是可以被看到和捕捉到的，也可以被打印输出；关闭时，图形既不能显示，也不能被捕捉到，更不能被打印输出。

在图层中，小灯泡表示图层的打开或关闭状态。灯泡为黄色时，图层打开；灯泡为蓝灰色时，图层关闭。单击小灯泡图标可实现图层打开或关闭的切换，方法如下。

① 单击 💡，使其变成蓝灰色💡，该图层就被关闭了；反之，单击某一图层的小灯泡图标💡，使之变成💡，则该图层就又被打开了。

② 单击图层状态栏右侧的箭头，出现下拉列表，单击某一图层的小灯泡，也可以改变此图层的显示状态。

（2）冻结/解冻图层。

单击相应图层的❄或❄图标，可以冻结或解冻图层。在图层被冻结时，显示为❄，该图层的图形对象不能显示或被打印，也不能被编辑或修改；如果需要恢复编辑功能，则点击❄，使之变为☀，即解冻该图层。

关闭图层和冻结图层的区别在于，关闭图层可以重新生成图形，而冻结的图形不能重新生成图形。冻结图层可以减少系统重新生成图形的计算时间。

注意：不能冻结当前应用的图层，也不能将冻结图层改为当前图层。

（3）锁定/解锁图层。

当图层被锁定后，图层上的图形不但可以在屏幕上显示，还可以被打印输出。在被锁定的图层上可以绘制新图形，也可以使用对象捕捉功能进行点的捕捉，但是不能修改这个图形，也不能编辑它的线宽、颜色等。在绘图时锁定图层是很常用的命令，可以保护绘制的图形不被意外地编辑和修改。

锁形图标表示图层是被锁定还是被解锁。当锁形图标显示为🔒，表示该图层被锁定；当锁形图标显示为🔓，则表示该图层是打开的，图形未被锁定。单击锁形图标可对图层进行锁定或解锁，操作方法可以参考打开/关闭图层。

项目三　AutoCAD创建二维图形

任何一张建筑设计图纸，不论其复杂与否，都是由一些基本的图形对象组成的，如直线、矩形。

AutoCAD具有强大的二维绘图能力，而且可以方便地调用命令，帮助用户提高工作效率，在短时间内完成图形绘制。其中绘制二维图形的命令有点、直线、射线、构造线、多线、多段线、正多边形、矩形、圆、圆弧、圆环、样条曲线和椭圆等。本项目将介绍这些基本图形对象的绘制方法及过程。

任务一　绘制线

一、直线

直线是图形中最常用的二维绘图命令，可以用直线连接捕捉点对象的点，可以输入直线的长度或坐标点来绘制直线，可以绘制一条或连续多条直线。

启动直线命令的方法如下。

▲下拉菜单：单击"绘图"—"直线"。

▲工具栏：单击"直线"图标█。

▲在命令行中输入Line或L（快捷键）。

注意：如果在命令行输入L后出错，查看输入法是否是英文，AutoCAD默认是英文输入法。

用上述 3 种方法中的任意一种，绘制出如图3-1-1所示的直角三角形，AutoCAD命令行都会显示如下提示。

> 指定第一点：（鼠标移到屏幕合适位置，单击左键，输入图3-1-1直角三角形的一个顶点A点，这种点的输入方式为鼠标在屏幕上拾取）
>
> 指定下一点或[放弃（U）]：<正交开>100✓（边AB为一条水平线段，B点的输入可以采用距离的输入方法，将状态栏"正交"按钮按下，正交功能打开，鼠标移向A点的右侧，会有水平线出现，命令行输入边长100，然后回车，线段AB绘制完成）
>
> 指定下一点或[放弃（U）]：<正交关>@100<90✓（输入C点相对于B点的相对极坐标）
>
> 指定下一点或[关闭（C）退出（X）放弃（U）]：c✓（三角形是封闭折线，输入c，选择关闭选项，折线自动闭合到起始点）

用户想取消上一步操作，退回到上一点，可以在"指定下一点或[放弃（U）]："提示行中输入U并回车。

输入C点坐标后，也可以单击右键，出现如图3-1-2所示的右键菜单，选择"关闭"选项。

右键菜单中的"取消"选项相当于按"Esc"键，"确认"选项相当于单击回车键。

实用技法：在执行命令结束后，如果仍需用直线工具绘制，可直接单击回车键继续使用。其他工具也可如此操作。

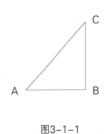

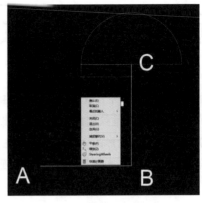

图3-1-1　　　　　　　　　　　　　　　　图3-1-2

二、射线

射线命令可以绘制从一个点出发向某个方向无限延伸的直线。射线一般用来作为图形设计的辅助线。启动射线命令的方法如下。

▲下拉菜单：单击"绘图"—"射线"。

▲工具栏：单击"射线"图标 。

▲在命令行中输入Ray。

用上述３种方法中的任意一种，绘制如图3-1-3所示的射线，AutoCAD命令行都会显示如下提示。

> 指定起点：（输入射线的起点A，用鼠标在屏幕上拾取）
>
> 指定通过点：（输入射线通过的一点B，用鼠标在屏幕上拾取）
>
> 指定通过点：↙（结束命令）

如果在"指定通过点："提示下继续指定点，则又可以绘制出多条相同起点的射线，如图3-1-4所示。

图3-1-3　　　　　　　　　　　　　　　　图3-1-4

三、构造线

构造线命令可以绘制两端无限延伸的直线，常用作绘制其他对象的参照。启动构造线命令的方法如下。

▲下拉菜单：单击"绘图"—"构造线"。

▲工具栏：单击"构造线"图标 。

▲在命令行中输入Xline或XL。

用上述３种方法中的任意一种，AutoCAD命令行都会显示如下提示。

> 指定点或[水平（H）/垂直（V）/角度（A）/二等分（B）/偏移（O）]：

水平（H）——通过指定的一点画水平线。

垂直（V）——通过指定的一点画垂直线。

角度（A）——通过指定的一点根据所给的角度画构造线。

二等分（B）——画指定角的角平分线。

偏移（O）——根据指定的距离画与已有的线段或构造线平行的构造线。

提示行共有6个选项，各操作如下。

（1）指定点。

"指定点"是默认项，通过指定两点来绘制构造线。命令的执行过程如下。

命令：XL↙（键盘输入构造线命令）

指定点或[水平（H）/垂直（V）/角度（A）/二等分（B）/偏移（O）]：（指定构造线上的一点A，用鼠标在屏幕上拾取）

指定通过点：（指定构造线上的另一点B，用鼠标在屏幕上拾取）

指定通过点：↙（结束命令）

执行完以上操作后，AutoCAD绘制出如图3-1-5所示的A、B两点确定的一条直线。

如果在"指定通过点："提示下继续指定点，则又可以绘制出多条相同起点的直线。

（2）水平（H）。

"水平（H）"指沿一点的水平方向绘制一条构造线。命令的执行过程如下。

命令：XL↙（键盘输入构造线命令）

指定点或[水平（H）/垂直（V）/角度（A）/二等分（B）/偏移（O）]：h↙（选择水平选项，绘制水平线）

指定通过点：（输入水平线上的一点A，用鼠标在屏幕上拾取）

指定通过点：↙（结束命令）

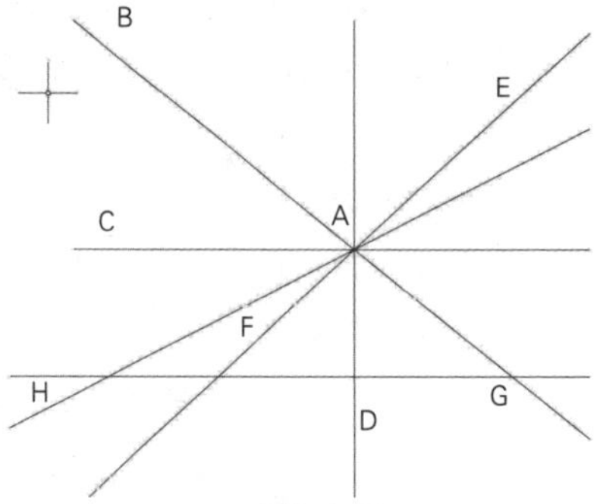

图3-1-5

执行完以上操作后，AutoCAD会绘制出如图3-1-5所示的水平线AC。

如果在"指定通过点："提示下继续指定点，则可以绘制出通过多个指定点的多条水平线。

（3）垂直（V）。

"垂直（V）"指沿一点的垂直方向绘制一条构造线。命令的执行过程如下。

命令：XL↙（键盘输入构造线命令）

指定点或[水平（H）/垂直（V）/角度（A）/二等分（B）/偏移（O）]：v↙（选择垂直选项，绘制垂线）

指定通过点：（输入垂线上的一点A，把对象捕捉功能打开，捕捉A点）

指定通过点：↙（结束命令）

执行完以上操作后，AutoCAD会绘制出如图3-1-5所示的垂线AD。

如果在"指定通过点："提示下继续指定点，则可以绘制出通过多个指定点的多条垂线。

（4）角度（A）。

"角度（A）"指通过一点并按一定的角度绘制直线。命令的执行过程如下。

> 输入命令：XL↙（键盘输入构造线命令）
> 指定点或[水平（H）/垂直（V）/角度（A）/二等分（B）/偏移（O）]：a↙（选择角度选项，绘制直线）
> 输入构造线的角度（O）或[参照（R）]：60↙（输入所绘直线AE与水平线的夹角）
> 指定通过点：（输入直线通过的点，用鼠标在屏幕上捕捉A点）
> 指定通过点：↙（结束命令）

执行完以上操作后，AutoCAD会绘制出如图3-1-5所示的直线AE。

如果在"指定通过点："提示下继续指定点，则可以绘制出通过多个指定点的倾斜角度相同的多条直线。

（5）二等分（B）。

"二等分（B）"指绘制等分两条相交直线的夹角的直线。命令的执行过程如下。

> 输入命令：XL↙（键盘输入构造线命令）
> 指定点或[水平（H）/垂直（V）/角度（A）/二等分（B）/偏移（O）]：b↙（选择二等分选项，绘制直线）
> 指定角的顶点：（输入两相交直线的交点也就是夹角的顶点，用鼠标在屏幕上捕捉A点）
> 指定角的起点：（输入∠DAC中的AD边上的D点）
> 指定角的端点：（输入∠DAC中的AC边上的C点）
> 指定角的端点：↙（结束命令）

执行完以上操作后，AutoCAD会绘制出如图3-1-5所示的∠DAC的平分线AF。

其中夹角的顶点和起点被指定后就固定了，只需输入多个不同的端点，就可以绘制多条角平分线。

（6）偏移（O）。

"偏移（O）"指绘制与已知直线平行的直线。命令的执行过程如下。

> 输入命令：XL↙（键盘输入构造线命令）
> 指定点或[水平（H）/垂直（V）/角度（A）/二等分（B）/偏移（O）]：o↙（选择偏移选项，绘制与已知直线平行的直线）
> 指定偏移距离或[通过（T）]<通过>：100↙（输入所绘直线与已知直线的距离）
> 选择直线对象：（选择已知直线，将鼠标移至直线AC上，单击左键，直线AC被选中）
> 指定向哪侧偏移：（指定所绘直线在已知直线的哪侧，在直线AC的下侧单击左键）
> 选择直线对象：↙（结束命令）

执行完以上操作后，AutoCAD会绘制出如图3-1-5所示的与直线AC相距100 mm的横线GH。

如果在"选择直线对象："提示下继续选择对象，则可以在偏移距离相等的情况下指定不同的已知直线和偏移方向。

实用技法：可将构造线画在特定的图层上，以方便控制它是否打印或显示。通过修剪，构造线也可以变成普通的线段。关于修剪命令，请参见项目四。

四、练习实例——台灯

台灯的绘制步骤如下。

① 执行"直线（L）"命令，绘制台灯灯罩，如图3-1-6所示。

② 执行"直线（L）"命令，绘制两条长度为 75 mm 的直线，如图3-1-7所示。

③ 执行"直线（L）"命令，连接两线段，如图3-1-8所示。

图3-1-6　　　　　　　　图3-1-7　　　　　　　　图3-1-8

④ 执行"直线（L）"命令，绘制灯架的两条直线，如图3-1-9所示。

⑤ 执行"直线（L）"命令，连接两线段，如图3-1-10所示。

⑥ 执行"直线（L）"命令，绘制台灯的底座，如图3-1-11所示。

⑦ 执行"直线（L）"命令，在底座画一些线段作为装饰，如图3-1-12所示。

⑧ 执行菜单命令"保存"，完成台灯的制图。

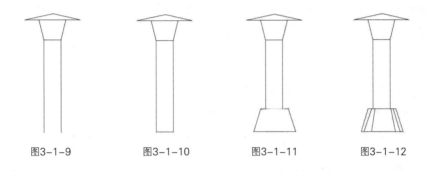

图3-1-9　　　　　图3-1-10　　　　　图3-1-11　　　　　图3-1-12

任务二　绘制矩形、多边形

一、矩形

利用矩形命令绘制矩形十分简单，只要指定矩形的两个对角点就可以了。在绘制矩形时，还可以设置倒角、标高、圆角、厚度和线宽，其中标高和厚度用于三维绘图。

启动矩形命令的方法如下。

▲下拉菜单：单击"绘图"—"矩形"。

▲工具栏：单击"矩形"图标▣。

▲在命令行输入REC。

用上述 3 种方法中的任意一种，AutoCAD命令行都会显示如下提示。

> 指定第一个角点或[倒角（C）/标高（E）/圆角（F）/厚度（T）/宽度（W）]：（输入矩形的第一个对角点，这是默认项，用鼠标在屏幕上拾取A点）
> 指定另一个角点或[尺寸（D）]：@100,50↙（输入矩形的另一个对角点，用相对直角坐标形式输入B点，所绘制矩形如图3-2-1所示）

提示行中有 5 个选项，其含义和操作如下。

（1）倒角（C）。

"倒角（C）"设置矩形四角为倒角并设置其大小，可以绘制带倒角的矩形。操作过程如下。

> 命令：REC↙（输入矩形命令）
> 指定第一个角点或[倒角（C）/标高（E）/圆角（F）/厚度（T）/宽度（W）]：c↙（绘制带倒角的矩形）
> 指定矩形的第一个倒角距离<0.0000>：10↙（定义矩形第一个倒角距离）
> 指定矩形的第二个倒角距离<10.0000>：10↙（定义矩形第二个倒角距离，两个倒角的距离可以相等，也可以不等。若取消倒角设置，恢复原来的直角，可将两个距离设置为0）
> 指定第一个角点或[倒角（C）/标高（E）/圆角（F）/厚度（T）/宽度（W）]：（在屏幕上用鼠标拾取C点作为矩形的第一个对角点）
> 指定另一个角点或[尺寸（D）]：@100,50（用相对直角坐标形式输入D点作为矩形的另一个对角点，所绘制矩形如图3-2-2所示）

（2）圆角（F）。

"圆角（F）"设置矩形的 4 个角为圆角并设置其半径大小，可以绘制带圆角的矩形。操作过程如下。

在键盘上按空格键，重复矩形命令。

> 命令：REC
> 当前矩形模式：倒角=10.0000×10.0000
> 指定第一个角点或[倒角（C）/标高（E）/圆角（F）/厚度（T）/宽度（W）]：f↙（绘制带圆角的矩形）
> 指定矩形的圆角半径<10.0000>：10↙（设置圆角的半径，若取消圆角设置，恢复原来的直角，可将半径设置为0）
> 指定第一个角点或[倒角（C）/标高（E）/圆角（F）/厚度（T）/宽度（W）]：（在屏幕上用鼠标拾取E点作为矩形的第一个对角点）
> 指定另一个角点或[尺寸（D）]：@100,50↙（用相对直角坐标形式输入F点作为矩形的另一个对角点，所绘制矩形如图3-2-3所示）

图3-2-1   图3-2-2   图3-2-3

（3）标高（E）。

"标高（E）"指设置矩形在三维空间内的某面高度。

（4）厚度（T）。

"厚度（T）"指设置矩形厚度，即Z轴方向的高度。

（5）宽度（W）。

"宽度（W）"指设置边长宽度。

AutoCAD把用矩形命令绘制出的矩形当作一个对象，其4条边不能分别编辑。

二、正多边形

如图3-2-4所示，正多边形是指由三条及以上长度相等的线段组成的封闭图形。

图3-2-4

启动正多边形命令的方法如下。

▲下拉菜单：单击"绘图"—"多边形"。

▲工具栏：单击"多边形"图标 。

▲在命令行输入Polygon或POL。

用上述3种方法中的任意一种，AutoCAD命令行都会显示如下提示。

> 输入边的数目<4>：（输入正多边形的边数，回车）
>
> 指定正多边形的中心点或[边（E）]：（在该提示下，用户有两种选择，一种是直接输入一点作为正多边形的中心；另一种是输入E，即利用输入正多边形的边长确定多边形）

（1）直接输入正多边形的中心。

执行"指定正多边形的中心点"选项时，AutoCAD会提示：

> 输入选项[内接于圆（I）/外切于圆（C）]<I>：（在该提示行中，有I、C两种选择）

① 内接正多边形。若在提示下直接回车，即默认<I>，AutoCAD将提示：

> 指定圆的半径：（输入半径值）

于是AutoCAD在指定半径的圆内（此圆一般不画出来）内接正多边形。

② 外切正多边形。若在提示下输入"C"，则AutoCAD将提示：

> 指定圆的半径：（输入半径值）

于是AutoCAD在指定半径的圆的外面构造出正多边形。

（2）输入"E"。

执行该选项时，AutoCAD将提示：

> 指定边的第一个端点：（输入正多边形一边的一个端点）
>
> 指定边的第二个端点：（输入正多边形一边的另外一个端点）

于是AutoCAD根据指定的边长绘制正多边形。

如图3-2-5所示，利用已知圆用正多边形命令绘制正六边形。

> 输入命令：pol↙（输入正多边形命令）
>
> 输入边的数目<4>：6↙（输入正多边形边数）
>
> 指定正多边形的中心点或[边（E）]：（设置圆心捕捉，将光标放置在圆周上，捕捉到圆心时单击左键，输入正多边形的中心点）
>
> 输入选项[内接于圆（I）/外切于圆（C）]<I>：i↙（选择内接正多边形方式）
>
> 指定圆的半径：<正交开>50↙（正交功能打开，输入圆的半径，完成绘制内接于半径为50 mm的圆的正六边形）

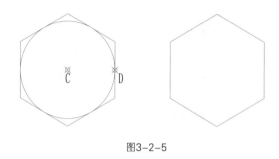

图3-2-5

在键盘上按空格键，重复正多边形命令。

> 输入边的数目<6>：↙（输入正多边形边数）
>
> 指定正多边形的中心点或[边（E）]：（捕捉圆心为正多边形的中心点）
>
> 输入选项[内接于圆（I）/外切于圆（C）]<I>：c↙（选择外切正多边形方式）
>
> 指定圆的半径：50↙（输入圆的半径，完成绘制外切于半径为50 mm的圆的正六边形）

在键盘上按空格键，重复正多边形命令。

> 输入边的数目<6>：↙（输入正多边形边数）
>
> 指定正多边形的中心点或[边（E）]：e↙（选择用边绘制正多边形）
>
> 指定边的第一个端点：（用鼠标在屏幕上拾取C点）
>
> 指定边的第二个端点：50↙（输入距离的方式确定D点，完成绘制边长为50 mm的正六边形）

三、练习实例——洗衣机

洗衣机的绘制步骤如下。

① 执行"矩形（REC）"命令，绘制一个600 mm×850 mm的长方形，如图3-2-6所示。

② 执行"直线（L）"命令，绘制直线，如图3-2-7所示。

③ 执行"多边形（POL）"命令，分别绘制半径为137 mm和96 mm的正十二边形，如图3-2-8所示。

④ 菜单命令执行"保存"，完成洗衣机的制图。

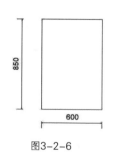

图3-2-6

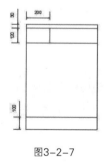

图3-2-7

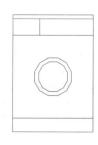

图3-2-8

任务三　绘制圆、圆弧

一、圆

如图3-3-1及图3-3-2所示，AutoCAD提供了绘制圆的方法，在下拉菜单"绘图"—"圆"中可以看到这6种方式。

① 确定圆心和半径，这是默认的方法。

② 确定圆心和直径。

③ 用两点定义直径。

④ 用圆周上三点确定圆。

⑤ 圆与两个对象相切，并确定半径。

⑥ 与已有的三个对象相切。

启动圆命令的方法如下。

▲下拉菜单：单击"绘图"—"圆"。

▲工具栏：单击"圆"图标。

▲在命令行输入Circle或C。

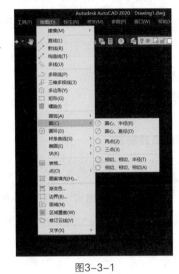

图3-3-1

图3-3-2

圆心　两点

相切、相切、相切　三点

从菜单启动与从工具栏和键盘输入启动有所不同，从工具栏和键盘输入启动，则AutoCAD命令行提示"指定圆的圆心或[三点（3P）/两点（2P）/相切、相切、半径（T）]："，这里有各种选项，每种选项对应着绘制圆的方法。而从菜单启动绘制则可以直接选择绘制圆的方法。

景观中的植物配置常采用圆命令绘制。如图3-3-3所示，圆形部分使用圆命令绘制，辅助直线已绘制好，只需绘制图3-3-4中的圆，过程如下。

命令：c✓（输入绘制圆的命令）

指定圆的圆心或[三点（3P）/两点（2P）/相切、相切、半径（T）]：（采用从圆心开始画圆的方式，输入圆心，这是默认项，打开"对象捕捉"功能，捕捉类型设置为交点，将鼠标移动到直线交点处，出现黄色的小叉，单击左键捕捉交点）

指定圆的半径或[直径（D）]：2000✓（输入数值为内圆的半径，若要选择直径方式，输入"D"回车，再输入直径值）

指定圆的半径或[直径（D）]：5000✓（输入数值为外圆的半径）

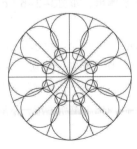

图3-3-3

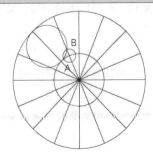

图3-3-4

输入命令：c✓（输入绘制圆的命令）

指定圆的圆心或[三点（3P）/两点（2P）/相切、相切、半径（T）]：（输入圆心，将鼠标移动到直线与圆周交点A处，出现黄色的小叉，单击左键捕捉交点）

指定圆的半径或[直径（D）]<5000.0000>：400✓（输入数值为圆的半径）

指定圆的圆心或[三点（3P）/两点（2P）/相切、相切、半径（T）]：输入3P✓（将鼠标移动到直线与圆周交点B处，单击左键捕捉交点，再将鼠标移到大圆外的交点处点击，最后单击小圆外相邻的交点处，结果如图3-3-3所示）

花坛中的其他圆可以采用相同的方法绘制。

使用其他选项绘制圆的操作过程如下。

（1）两点（2P）。

两点（2P）指定圆直径的两端点绘制圆。

输入命令：c✓（输入绘制圆的命令）

指定圆的圆心或[三点（3P）/两点（2P）/相切、相切、半径（T）]：2p✓（采用两点方式画圆）

指定圆直径的第一个端点：（输入直径的第一个端点，在屏幕上用鼠标拾取一点）

指定圆直径的第二个端点：50✓（正交功能打开，用距离输入点的方式输入直径的另一个端点，结果如图3-3-5（a）所示的圆）

（2）相切、相切、半径（T）。

"相切、相切、半径（T）"是由两个切点和半径确定一个圆。

单击菜单"绘图"—"圆"—"相切、相切、半径（T）"，启动命令，命令行提示：

输入命令：_circle

指定圆的圆心或[三点（3P）/两点（2P）/相切、相切、半径（T）]_ttr

指定对象与圆的第一个切点：（打开"对象捕捉"功能，捕捉类型设置为切点，将光标移动到图3-3-5（b）所示的两条直线中的任意一条上，出现一个捕捉切点的标记，单击左键，输入第一个切点）

指定对象与圆的第二个切点：（将光标移动到另一条直线上，也出现一个捕捉切点的标记，单击左键，输入第二个切点）

指定圆的半径<50.0000>：50✓（输入圆的半径，完成如图3-3-5（c）所示的圆）

（3）相切、相切、相切。

使用"相切、相切、相切"来绘制圆，只能通过菜单命令来调用。如图3-3-5（c）中用此命令再绘制一个圆，如图3-3-6所示。

单击"绘图"—"圆"—"相切、相切、相切"，拾取图3-3-5（c）中水平线为第一条切线，拾取另一条直线为第二条切线，拾取绘制的圆形为第三条切线，利用"相切、相切、相切"方法绘制圆形，如图3-3-6所示。

注意：当我们发现图纸中的弧线或圆形变形了时，输入命令：RE（重新生成一下即可）。

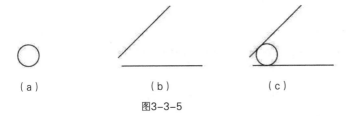

（a）　　　　　　　　（b）　　　　　　　　（c）

图3-3-5　　　　　　　　　　　　　　　　　　　　图3-3-6

二、圆弧

AutoCAD中提供了11种绘制圆弧的方法，在下拉菜单"绘图"—"圆弧"中可以看到，如图3-3-7所示。系统自动默认的绘制圆弧方式是三点绘制圆弧。

启动圆弧命令的方法如下。

▲下拉菜单：单击"绘图"—"圆弧"。

▲工具栏：单击"圆弧"图标 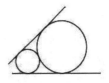。

▲在命令行输入Arc或A。

用上述方法中的任意一种，AutoCAD命令行都会显示如下提示。

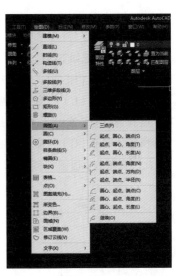

图3-3-7

　　指定圆弧的起点或[圆心（C）]：（两种开始绘制圆弧的方法，选项圆心（C）是从圆心开始绘制圆弧；输入起点是从圆弧的起点开始绘制，这是默认项，在屏幕上用鼠标拾取一点，输入圆弧的起点A，如图3-3-8所示）

　　指定圆弧的第二个点或[圆心（C）/端点（E）]：（在屏幕上用鼠标拾取B点，输入圆弧的第二点）

　　指定圆弧的端点：（在屏幕上用鼠标拾取C点，输入圆弧的终点，圆弧ABC绘制完成，如图3-3-8所示）

以上是三点绘制圆弧的操作过程。

如图3-3-9所示，用"起点、圆心、端点"法绘制圆弧，通过起点和圆心来确定圆弧的半径和位置，再由端点确定圆弧的长度。端点可以在圆弧之外，终点是圆心和端点连线与圆弧的相交点。利用"起点、圆心、端点"法绘制圆弧的具体操作方法如下。

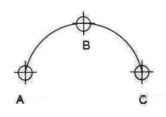

图3-3-8

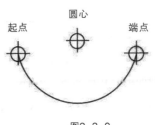

图3-3-9

输入命令：a↙（输入圆弧命令）

指定圆弧的起点或[圆心（C）]：（捕捉圆弧的起点）

指定圆弧的第二个点或[圆心（C）/端点（E）]：c↙（用圆心的方式绘制圆弧）

指定圆弧的圆心：（捕捉圆弧的圆心）

指定圆弧的端点或[角度（A）/弦长（L）]：（捕捉圆弧的端点，圆弧绘制完成）

提示：除默认的三点绘制圆弧外，其他方式都是从起点到终点逆时针方向绘制。

三、练习实例——音箱

音箱的绘制步骤如下。

① 执行"矩形（REC）"命令绘制一个250 mm×578 mm的矩形，表示音箱的外框，如图3-3-10所示。

② 执行"直线（L）"命令，绘制两条直线，如图3-3-11所示。

③ 绘制音箱的装饰线，执行"圆弧（A）"命令，绘制两个圆弧，如图3-3-12所示。

④ 执行"圆形（C）"命令，绘制两个圆形作为音箱的喇叭，如图3-3-13所示。

至此，音箱的立面图绘制完成，最后同时按"Ctrl"和"S"键对文件进行保存。

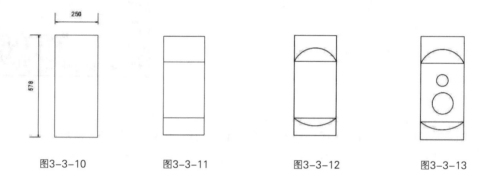

图3-3-10　　　　　图3-3-11　　　　　图3-3-12　　　　　图3-3-13

任务四　绘制多线

多线就是可以同时绘制多条线段。AutoCAD中多线可以包含1～16条线，这些线称为元素，每个元素都有自身的偏移位置、线型和颜色。用户可以创建和保存多线样式，即定义多线的数量，设置每个元素的特性，显示和隐藏多线的链接，以及多线背景的填充和封口，还能对多线进行编辑等。多线常用于绘制建筑图形中的墙体直线。

一、绘制多线

启动多线命令的方法如下。

▲下拉菜单：单击"绘图"—"多线"。

▲在命令行输入Mline或ML。

用上述2种方法中的任意一种，AutoCAD命令行都会显示如下提示。

当前设置：对正=上，比例=20.00，样式=STANDARD

　　指定起点或[对正（J）/比例（S）/样式（ST）]：（输入多线的起点，用鼠标在屏幕上拾取一点A）

　　指定下一点：100✓（打开正交功能，鼠标向右移动，键盘输入100，多线B点输入完成）

　　指定下一点或[放弃（U）]：200✓（鼠标向B点上方移动，键盘输入200，完成C点输入）

　　指定下一点或[闭合（C）/放弃（U）]：c✓（闭合多线，如图3-4-1所示的多线绘制完成）

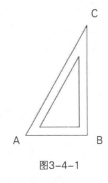

图3-4-1

以上操作过程以当前的多线样式、线型比例以及绘线方式绘制多线。绘制多线的过程与直线命令相似。命令行中的提示还有3个选项"对正（J）/比例（S）/样式（ST）"。各选项的含义如下。

（1）对正（J）。

"对正（J）"确定多线的对正方式。

在命令行"指定起点或[对正（J）/比例（S）/样式（ST）]："的提示下输入"J"并回车。

AutoCAD会继续提示"输入对正类型[上（T）/无（Z）/下（B）]<上>："，有3种对正方式，它们的具体含义分别如下。

① 用"上（T）"选项绘制多线时，多线上最顶端的线随光标移动，如图3-4-2（a）所示。

② 用"无（Z）"选项绘制多线时，多线的中心线随光标移动，如图3-4-2（b）所示。

③ 用"下（B）"选项绘制多线时，多线上最底端的线随光标移动，如图3-4-2（c）所示。

④ "<上>"表示当前默认的对正方式为"上"的方式。

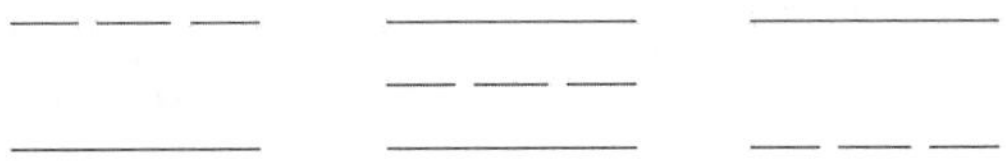

（a）　　　　　　（b）　　　　　　（c）

图3-4-2

（2）比例（S）。

"比例（S）"确定所绘制的多线宽度相对于当前样式中定义宽度的比例因子。默认值为20，例如，比例因子为5，则多线的宽度是定义宽度的5倍。

在命令行"指定起点或[对正（J）/比例（S）/样式（ST）]："的提示下输入"s"并回车，AutoCAD会继续提示"输入多线比例<20.00>："，输入更改的比例因子并回车。图3-4-3所示的是不同比例绘制的多线。

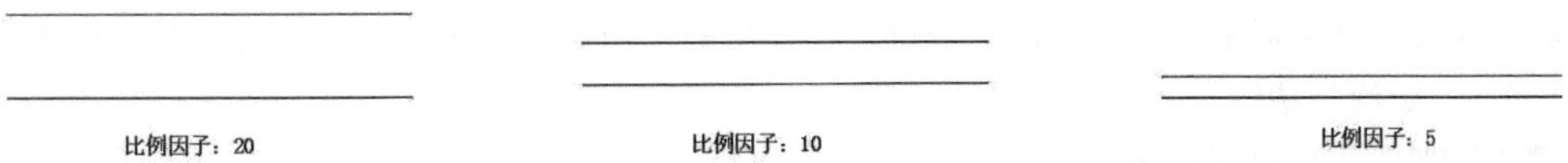

比例因子：20　　　　　　　　比例因子：10　　　　　　　　比例因子：5

图3-4-3

（3）样式（ST）。

"样式（ST）"确定绘制多线时所需的样式。默认多线样式为STANDARD。

在命令行"指定起点或[对正（J）/比例（S）/样式（ST）]："的提示下输入"st"并回车，AutoCAD会继续提示"输入多线样式名或[?]："，此时，可以输入已有的样式名，也可以输入"?"。如果用户输入"?"，则显示AutoCAD中所有的多线样式。

执行完以上操作后，AutoCAD会以所设置的样式、比例以及对正方式绘制多线。

多线命令多用于建筑设计、室内设计的墙线绘制，景观设计中的道路还是以偏移命令为主。

二、设置多线样式

多线中包含直线的数量、线型、颜色、平行线之间的间隔等要素，这些要素组成了多线的样式。多线使用的场合不同，就会有不同的要素需求，也就是多线的样式不同，AutoCAD提供了创建多线样式的方法，下面以图3-4-4所示的平面图为例。

实用技法："十"字光标尺寸改变。

绘制工程图时，要按投影规律绘图。为了便于"长对正，高平齐，宽相等"，绘图时，可调整"十"字光标尺寸，即用Options命令或选择下拉菜单"工具"—"选项"，打开"Options"对话框，或者在绘图区右键点击"选项"后找到"显示"选项，通过修改"十"字光标大小区中的光标与屏幕大小的百分比或拖动滑块，可改变缺省值5%，不宜太大，否则当绘图速度很快的时候，因"十"字光标太大会影响视力反应，从而降低速度。

启动创建多线样式命令的方法如下。

▲下拉菜单：单击"格式"—"多线样式"。

▲在命令行输入MIstyle。

用上述2种方法中的任一种输入命令后，弹出如图3-4-5所示的"多线样式"对话框。

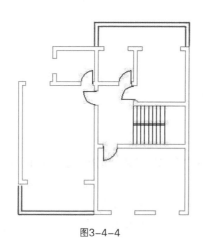

图3-4-4

图3-4-5

（1）新建多线样式。

在"多线样式"对话框中单击"新建"按钮，在弹出的"创建新的多线样式"对话框中输入样式名"窗户"，然后单击"继续"按钮。

（2）添加多线。

在"新建多线样式：窗户"对话框"说明"文本框中输入"窗口"，勾选"直线"对应的"起点"和"端点"复选框，然后连续两次单击"添加"按钮，如图3-4-6所示。

（3）设置多线偏移。

在图元下面的列表框中选择第一条多线，在"偏移"文本框中输入120，然后依次选择其他多线并设置偏移距离分别为120、40、-40、-120，然后再单击"确定"按钮，如图3-4-7所示。

（4）绘制多线。

返回到"多线样式"对话框中并将新建的多线设置为当前。在菜单浏览器中执行"绘图"—"多线"菜单命令，在命令行中设置多线的对正方式为"上"，然后在图形上方的缺口处绘制一段多线，如图3-4-8所示。

（5）继续绘制多线。

在图形的其他缺口处继续绘制几段多线，注意有两个缺口不能完全封闭，如图3-4-9所示。

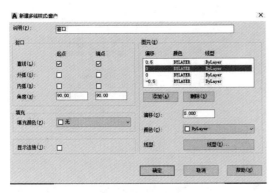

图3-4-6　　　　　　　　　　图3-4-7

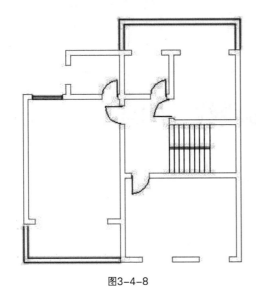

图3-4-8

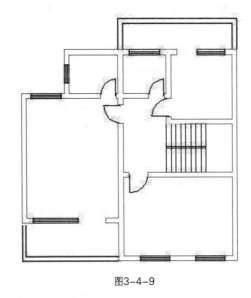

图3-4-9

三、编辑多线

用多线命令绘制完图形后，一般要用编辑多线命令修正图中的十字接头、丁字接头、角接头，打断多线插入其他图形，连接打断的多线。

启动编辑多线命令的方法如下。

▲下拉菜单：单击"修改"—"对象"—"多线"。

▲在命令行输入Mledit。

将图3-4-10中的接头修改为图3-4-11所示的图形，步骤如下。

输入命令：mledit↙（输入编辑多线命令），AutoCAD将弹出如图3-4-12所示的"多线编辑工具"对话框。该对话框中的各个图标形象地说明了多线编辑所具有的功能。

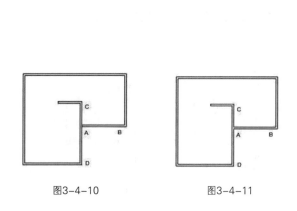

图3-4-10　　　　　　图3-4-11

图3-4-12

单击第3行第2列的"T形合并"接头形式，再单击"关闭"，退出对话框，即可完成修改。命令行提示如下：

选择第一条多线或[放弃（U）]：（单击多线AB）

选择第二条多线：（单击多线CD）

选择第一条多线或[放弃（U）]：↙（结束命令）

任务五　绘制多段线、圆环

一、多段线

如图3-5-1所示，多段线由相连的直线段和圆弧段组成。不论有多少条直线段和圆弧段，多线段都是一个对象，并具有以下特点。

① 是一个可以由多个片段组成的单个对象。

② 可以由直线段、圆弧段或者直线段加圆弧段组成。

③ 全线可以有同一个宽度。

④ 各个片段也可以有自己的宽度。

⑤ 可以封闭。

在零线宽时，很多多段线看上去和普通线段相似，但

图3-5-1

是，多段线仅仅是一个对象而不是多个对象。使用多段线的优点如下。

① 一条多段线可以被当作一个对象来处理。

② 在选择多段线时只要点取一次。

③ 多段线可以有变化的宽度。

④ 多段线的长度以及封闭多段线的面积很容易计算。

⑤ 多段线占用的内存和磁盘空间较小。

⑥ 多段线是生成三维图形的主要基础轮廓。

启动多段线命令的方法如下。

▲下拉菜单：单击"绘图"—"多段线"。

▲工具栏：单击"多段线"图标 。

▲在命令行输入Pline或PL。

用上述3种方法中的任意一种输入命令后，AutoCAD命令行都会显示如下提示。

> 指定起点：（输入起点）
> 当前线宽为0.0000
> 指定下一个点或[圆弧（A）/半宽（H）/长度（L）/放弃（U）/宽度（W）]:

提示行中各选项的含义如下。

（1）指定下一个点。

指定下一个点默认项，直接输入一点作为线的一个端点。

（2）圆弧（A）。

选择此项后，从画直线多段线切换到圆弧多段线，并出现如下提示：

> 指定圆弧的端点或[角度（A）/圆心（CE）/方向（D）/半宽（H）/直线（L）/半径（R）/第二个点（S）/
> 放弃（U）/宽度（W）]:

在该提示下移动"十"字光标，屏幕上会出现橡皮线。提示行中各选项的含义如下。

① 指定圆弧的端点：指定圆弧的端点默认项，输入圆弧的端点作为圆弧的终点。

② 角度（A）：指定圆弧的内含角。

③ 圆心（CE）：为圆弧指定圆心。

④ 方向（D）：指定圆弧的起点相切方向。

⑤ 直线（L）：从画圆弧的模式返回绘制直线方式。

⑥ 半径（R）：指定圆弧的半径。

⑦ 第二个点（S）：指定三点画弧的第二点。

其他选项与多段线命令中的同名选项含义相同，可以参考下面的介绍。

（3）半宽（H）。

该选项用于设置多段线的半宽值。执行该选项时，AutoCAD将提示输入多段线的起点半宽值和终点半宽值。

（4）长度（L）。

长度（L）指用输入距离的方法绘制下一段多段线。执行该选项时，AutoCAD将会自动按照上一段直线的方向绘制下一段直线；若上一段多段线为圆弧，则沿圆弧的切线方向绘制下一段直线。

（5）放弃（U）。

放弃（U）指取消上一次绘制的多段线。该选项可以被连续使用。

（6）宽度（W）。

宽度（W）指设置多段线的宽度。AutoCAD执行该选项后，将出现如下提示。

> 指定起点宽度<0.0000>：（输入起点的宽度）
> 指定端点宽度<0.0000>：（输入终点的宽度）

系统默认的宽度值为 0 mm，多段线中每段线的宽度可以不同，可以分别设置，而且每段线的起点和终点宽度也可以不同。多段线起点宽度以上一次输入值为默认值，而终点宽度值则以起点宽度为默认值。当多段线的宽度大于 0 mm时，若想绘制闭合的多段线，一定要用闭合选项，才能使其完全封闭；否则，会出现缺口。

用多段线命令绘制图3-5-2所示的实心箭头。实心箭头由 2 段线组成，AB段直线，起点宽度为 10 mm，终点宽度为 10 mm；BC段直线，起点宽度为 30 mm，终点宽度为 0 mm，绘制过程如下。

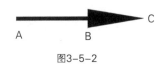

图3-5-2

> 命令：PL↙（输入多段线命令）
> 指定起点：（鼠标在屏幕上拾取一点）
> 当前线宽为0.0000
> 指定下一个点或[圆弧（A）/半宽（H）/长度（L）/放弃（U）/宽度（W）]：<正交 开>w↙
> 指定起点宽度<0.0000>：10↙
> 指定端点宽度<10.0000>：10↙
> 指定下一个点或[圆弧（A）/半宽（H）/长度（L）/放弃（U）/宽度（W）]：100↙（鼠标向右移动，输入距离100，绘制AB段）
> 指定下一点或[圆弧（A）/闭合（C）/半宽（H）/长度（L）/放弃（U）/宽度（W）]：w↙（设置BC段宽度）
> 指定起点宽度<10.0000>：30↙（输入BC段起点宽度）
> 指定端点宽度<30.0000>：0↙（输入BC段终点宽度）
> 指定下一点或[圆弧（A）/闭合（C）/半宽（H）/长度（L）/放弃（U）/宽度（W）]：50↙（鼠标向右方移动，输入距离 50，绘制BC段）

二、圆环或填充圆

圆环命令用于绘制内外径已指定的圆环或填充圆。填充圆是内径为零的圆环。启动圆环命令的方法如下。

▲下拉菜单：单击"绘图"—"圆环"。

▲在命令行输入Donut。

用上述 2 种方法中的任意一种，AutoCAD命令行都会显示如下提示：

指定圆环的内径<0.0000>：10✓（输入内圆的直径）

指定圆环的外径<100.0000>：50✓（输入外圆的直径）

指定圆环的中心点或<退出>：（在屏幕上用鼠标拾取一点作为圆环的中心）

如图3-5-3所示的圆环，若继续指定中心点，会得到一系列的圆环。

在执行圆环命令时，当提示"指定圆环的内径："时输入0，则可绘出填充圆。绘制过程如下。

单击菜单"绘图"—"圆环"，启动圆环命令，命令行提示：

指定圆环的内径<10.0000>：0✓（输入内圆的直径）

指定圆环的外径<50.0000>：50✓（输入外圆的直径）

指定圆环的中心点或<退出>：（在屏幕上用鼠标拾取一点作为圆环的中心）

指定圆环的中心点或<退出>：✓（回车结束命令，所绘填充圆见图3-5-3）

图3-5-3

三、练习实例——景石

① 执行"多段线（PL）"命令，线宽为10 mm，绘制景石外轮廓，如图3-5-4所示。

② 继续执行"多段线（PL）"命令，线宽为2 mm，绘制景石内部纹理，如图3-5-5所示。

图3-5-4　　　　图3-5-5

任务六　绘制椭圆和椭圆弧

一、椭圆和椭圆弧

AutoCAD提供了两种绘制椭圆的方法，在下拉菜单"绘图"—"椭圆"中可以看到。一种是通过指定椭圆轴线的两个端点和另一条轴的半轴长度来绘制椭圆；另一种是利用椭圆的中心点坐标、某一条轴上的一个端点的位置以及另一条轴的半长绘制椭圆。

启动椭圆命令的方式如下。

▲下拉菜单：单击"绘图"—"椭圆"。

▲工具栏：单击"轴、端点"图标◉。

▲在命令行输入Ellipse或EL。

从菜单启动与从工具栏启动和键盘输入启动有所不同，从工具栏启动和键盘输入启动，AutoCAD命令行提示"指定椭圆的轴端点或[圆弧（A）/中心点（C）]："，通过选择选项，确定绘制椭圆的方法，而从菜单启动，则可以直接确定绘制椭圆的方法。

（1）使用"轴、端点"方法绘制椭圆。

> 命令：EL✓（输入椭圆命令）
>
> 指定椭圆的轴端点或[圆弧（A）/中心点（C）]：（单击左键拾取1点为一条轴的端点，如图3-6-1所示）
>
> 指定轴的另一个端点：<正交 开>50✓（正交功能打开，直接输入距离为该轴的另一个端点2）
>
> 指定另一条半轴长度或[旋转（R）]：15✓（输入另一条轴的半轴长度，回车结束命令）

（2）使用"中心点"方法绘制椭圆。

在键盘上按下空格键，重复绘制椭圆命令。

> 命令：ELLIPSE
>
> 指定椭圆的轴端点或[圆弧（A）/中心点（C）]：c✓（使用中心点方法绘制椭圆）
>
> 指定椭圆的中心点：（单击左键拾取3点为椭圆的中心点，如图3-6-1所示）
>
> 指定轴的端点：25✓（将鼠标水平移动，输入椭圆水平轴的半长）
>
> 指定另一条半轴长度或[旋转（R）]：15✓（输入椭圆另一条轴的半长，回车结束命令）

从工具栏和键盘输入启动椭圆命令，还可以绘制椭圆弧，启动命令后，命令行提示"指定椭圆的轴端点或[圆弧（A）/中心点（C）]："，选择"圆弧"选项，就可以执行绘制椭圆弧命令。单击工具栏"椭圆弧"图标 或下拉菜单"绘图"—"椭圆"—"圆弧"可直接启动绘制椭圆弧命令。椭圆弧是在椭圆的基础上绘成的。

单击"轴、端点"图标，启动椭圆命令，命令行提示：

> 指定椭圆的轴端点或[圆弧（A）/中心点（C）]：a✓
>
> 指定椭圆的轴端点或[中心点（C）]：（单击左键拾取一点为一个轴的端点）
>
> 指定轴的另一个端点：<正交 开>50✓（正交功能打开，鼠标向右移动，直接输入距离为该轴的另一个端点）
>
> 指定另一条半轴长度或[旋转（R）]：15✓（输入另一条轴的半轴长度，绘制一个椭圆）
>
> 指定起始角度或[参数（P）]：30✓（通过指定椭圆弧的起始角与终止角确定椭圆弧，在这里输入起始角的角度，确定弧的起点1）
>
> 指定终止角度或[参数（P）/包含角度（I）]：（移动鼠标会有一条橡皮筋线出现，也可以利用橡皮筋线确定角度方向，因正交功能打开，鼠标只能水平和垂直移动。将鼠标垂直向下移动，单击左键，输入终止角，确定弧的终点2，图3-6-1所示的椭圆弧12绘制完成）

图3-6-1

二、练习实例——洗手盆

① 执行"椭圆（EL）"命令，绘制洗手盆的外轮廓，如图3-6-2所示。

② 执行"矩形（REC）"命令，绘制水龙头，如图3-6-3所示。

③ 执行"椭圆弧"命令，绘制洗手盆的内轮廓，如图3-6-4所示。

④ 执行"圆形（C）"命令，绘制水龙头的开关和下水口，如图3-6-5所示。

　　图3-6-2　　　　　　　图3-6-3　　　　　　　图3-6-4　　　　　　　图3-6-5

任务七　绘制样条曲线和徒手画线

一、样条曲线

　　样条曲线是指通过给定的一些点拟合生成的光滑曲线。样条曲线最少应有3个顶点。在园林设计中经常使用样条曲线命令绘制曲线，如用其绘制园林道路、水面、绿地、模纹花坛、铺装装饰线。

　　启动样条曲线命令的方法如下。

　　▲下拉菜单：单击"绘图"—"样条曲线"。

　　▲工具栏：单击"绘图"工具栏图标 。

　　▲在命令行输入Spline或SPL。

　　用上述3种方法中的任意一种，AutoCAD命令行都会显示如下提示：

SPLINE

指定第一个点或[方式（M）/节点（K）对象（O）]：（在屏幕上用鼠标拾取一点1作为曲线的起点）

指定下一点：（单击左键拾取2点）

输入下一个点或[起点切向（T）/公差（L）]：（单击左键拾取3点）

输入下一个点或[端点相切（T）/公差（L）/放弃（U）]：（单击左键拾取4点）

输入下一个点或[端点相切（T）/公差（L）/放弃（U）/闭合（C）]：↙（回车结束输入点）

指定起点切向：（移动鼠标会有不同的切线方向，曲线的形状也不同，调整光标到合适位置，单击左键）指定端点切向：（切线方向调整方法同上。光标到合适位置，单击左键，曲线绘制完成，如图3-7-1（a）所示）

　　提示行中各选项的含义如下。

　　（1）闭合（C）。

　　"闭合（C）"是指绘制封闭的样条曲线。

　　用样条曲线命令绘制如图3-7-1（b）所示的等高线，操作过程如下。

命令：SPL✓（输入样条曲线命令）

SPLINE

指定第一个点或[方式（M）/节点（K）对象（O）]：（在屏幕上单击左键拾取一点）

指定下一点：（按图形在屏幕上单击左键拾取第二点）

输入下一个点或[起点切向（T）/公差（L）]：（在屏幕上单击左键拾取第三点）

输入下一个点或[端点相切（T）/公差（L）/放弃（U）]：（在屏幕上单击左键拾取第三点）

输入下一个点或[端点相切（T）/公差（L）/放弃（U）/闭合（C）]：（按图所示继续不断地拾取下一点）

输入下一个点或[端点相切（T）/公差（L）/放弃（U）/闭合（C）]：c（封闭样条曲线）等高线绘制
完成

使用相同的操作方法绘制其他等高线。

（2）公差（L）。

"公差（L）"用来控制样条曲线对数据点的接近程度。

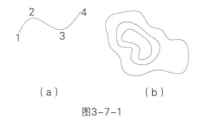

（a）　　　　　　　　（b）

图3-7-1

二、徒手画线

在绘制园林建筑设计图过程中，有时需要绘制一些不规则的线条，如假山。AutoCAD根据这一需要提供徒手画命令。通过该命令，移动光标，可以在屏幕上绘制出任意形状的线条或图形，就像在图纸上直接用笔来作画一样。

启动徒手画命令的方法如下：

在命令行输入sketch。

用徒手画命令绘制如图3-7-2所示的图形，操作过程如下。

命令：sketch✓（输入徒手画命令）

记录增量<1.0000>：✓

（回车，记录增量为默认值）

徒手画.画笔（P）/退出（X）/结束（Q）/记录（R）/删除（E）/连接（C）：（在屏幕上单击左键，笔落，就像笔已经落到纸上，开始下笔，向下移动鼠标，就像用笔写了"景"字的一竖，然后单击左键，笔提，就像笔抬起，这一过程完成一竖，图形颜色为绿色）

继续按上述方法把"景观"两字写完，然后回车，按"Esc"键结束命令。

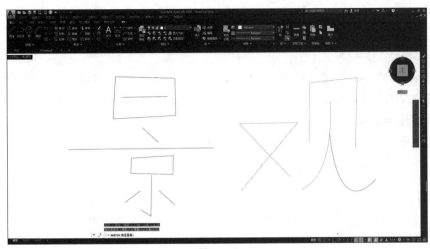

图3-7-2

三、练习实例——装饰植物

① 执行"直线（L）"命令，绘制一些线段，表示花瓶的外轮廓，如图3-7-3所示。

② 执行"圆弧（A）"命令，绘制一些圆弧，表示花瓶的装饰，如图3-7-4所示。

③ 执行"样条曲线（SPL）"命令，勾绘出如图3-7-5所示的图形。

④ 执行"样条曲线（SPL）"命令，勾绘一些表示叶子的图形，如图3-7-6所示。

至此，花卉立面图绘制完成。然后同时按"Ctrl"和"S"键对文件进行保存。

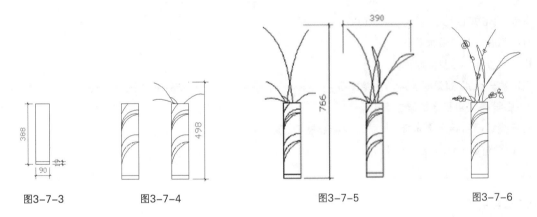

图3-7-3　　　　　　图3-7-4　　　　　　　　图3-7-5　　　　　　　图3-7-6

任务八　绘制修订云线

修订云线命令用于绘制由圆弧线组成的连续线，在园林上常用于绘制成片的树林和灌木。启动修订云线命令的方法如下。

▲下拉菜单：单击"绘图"—"修订云线"。

▲工具栏：单击"绘图"工具栏图标 。

▲在命令行输入Revcloud。

绘制修订云线的具体操作过程如下。

单击"绘图"工具栏图标 ，启动修订云线命令，命令行提示：

命令：REVCLOUD

最小弧长：15　最大弧长：15

样式：普通　类型：徒手画

指定第一个点或[弧长（A）/对象（O）/矩形（R）/多边形（P）/徒手画（F）/样式（S）/修改（M）]<对象>：F

指定第一个点或[弧长（A）/对象（O）/矩形（R）/多边形（P）/徒手画（F）/样式（S）/修改（M）]<对象>：（在屏幕上用鼠标拾取起点）

沿云线路径引导十字光标...（移动鼠标绘制云线至起点自动闭合）

修订云线完成。

图3-8-1（a）为修订云线外凸，图3-8-1（b）为修订云线内凹，内凹云线的绘制方法如下。

（a）　　　　　　　　　（b）

图3-8-1

点击"绘图"工具栏图标，命令行提示如下：

命令：REVCLOUD

最小弧长：15　最大弧长：15

样式：普通　类型：徒手画

指定第一个点或[弧长（A）/对象（O）/矩形（R）/多边形（P）/徒手画（F）/样式（S）/修改（M）]<对象>：（在屏幕上用鼠标拾取起点）

沿云线路径引导十字光标...（移动鼠标绘制云线）↙

反转方向[是（Y）/否（N）]<否>：Y↙

修订云线完成。

任务九　绘制点

点在几何意义上是没有形状和大小的，但在AutoCAD中，点有20种形状和不同的大小。形状和大小在点的样式里设置。绘制点之前要设置点的样式，若不设置样式，则会以默认样式绘制。

设置点的样式的方法是单击菜单"格式"—"点样式"，弹出"点样式"对话框。如图3-9-1所示，在对话框上部四行小方框中共列出了20种点的类型，小方框为黑色的是默认点的类型。单击其中的任意一种，该小方框颜色变黑，表明用户已选中这种类型的点。在点的大小文本框中用户可任意设置点的大小。点的大小有两种设置方式，也就是在对话框最下面的两个选项所对应的方式，这两个选项的含义如下。

① "相对于屏幕设置大小"指按屏幕尺寸的百分比来设置点的尺寸。

② "按绝对单位设置大小"指按实际图形的大小来设置点的尺寸。

AutoCAD提供了4种绘制点的方法，在菜单"绘制"—"点"中可以看到这4种方式。

（1）单点。

"单点"指每次执行点的命令，只绘制一个点。绘制单点启动命令的方法如下。

▲下拉菜单：单击"绘图"—"点"—"单点"。

▲在命令行输入Point或po。

绘制单点的具体操作过程如下。

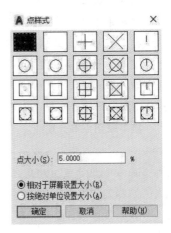

图3-9-1

> 命令：_point
>
> 当前点模式：PDMODE=0　　PDSIZE=0.0000　（用当前点模式样式绘制点）
>
> 指定点：（在屏幕上单击左键拾取一点即绘制一个点，并结束命令。也可以在命令行输入点的坐标）

（2）多点。

"多点"指执行一次点的命令，可以连续绘制多个点。绘制多点启动命令的方法如下。

▲下拉菜单：单击"绘图"—"点"—"多点"。

▲工具栏：单击"多点"图标███。

绘制多点的操作过程如下。

单击工具栏"多点"图标███，启动多点命令，命令行提示：

> 命令：_point
>
> 当前点模式：PDMODE=0　　PDSIZE=0.0000（用当前点模式样式绘制点）
>
> 指定点：（在屏幕上单击左键拾取一点即绘制一个点）

然后命令行继续提示如下内容：

> 命令：_point
>
> 当前点模式：PDMODE=0　　PDSIZE=0.0000
>
> 指定点：（在这个提示后继续单击鼠标左键，绘制一个点，这样可以连续绘制若干个点。若想结束命令只能按键盘上的"Esc"键，回车和右键是不能结束命令的）

（3）定数等分。

"定数等分"是指在测量对象上按对象（直线、圆弧、圆、椭圆、椭圆弧、多段线以及样条曲线等）等分的数目放置点。先选择一个等分对象，然后输入对该对象等分的数目，按照等分数在对象上放置点。

启动定数等分命令的方法如下。

▲下拉菜单：单击"绘图"—"点"—"定数等分"。

▲在命令行输入divide或div。

将如图3-9-2所示的一条长为130 mm的直线，用点等分为 6 段。

绘制的具体操作过程如下。

首先，设置点的样式。

单击菜单"格式"—"点样式"，弹出"点样式"对话框，在点的样式列表中选择第二行左起第四个，选择"相对于屏幕设置大小"项，在"点大小"文本框中输入 5，使点的大小为屏幕绘图区域的 5%，如图3-9-3所示，然后单击"确定"。

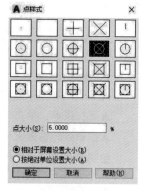

图3-9-2   图3-9-3

接下来用点等分直线。

命令：div✓ 或DIVIDE✓（输入定数等分点命令）

选择要定数等分的对象：（将光标移动到直线上单击，选中对象，此时直线变成虚线）

输入线段数目或[块（B）]：6✓（输入等分数，回车结束命令，结果如图3-9-4所示）

在上面的提示中有一个选项"块"，这个选项的含义是用块等分对象。

（4）定距等分。

"定距等分"指将点对象在对象上指定间隔放置，指定的间隔不一定等分对象。

启动"定距等分"命令的方法如下。

▲下拉菜单：单击"绘图"—"点"—"定距等分"。

▲在命令行输入measure或me。

将图3-9-2所示的长 130 mm的直线用点间距 25 mm等分。

绘制的具体操作过程如下：

命令：me✓ 或MEASURE✓（输入定距等分点命令）

选择要定距等分的对象：（将光标移动到直线上单击，选中对象）

指定线段长度或[块（B）]：25✓（输入点之间的距离，回车结束命令，结果如图3-9-5所示）

利用定距等分对象，最后一段可能达不到指定长度，如图3-9-5所示。

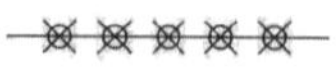

图3-9-4    图3-9-5

项目四　图形编辑

在建筑设计、室内设计、景观设计等专业制图中，几乎所有的图形都是经过对基本图形的编辑而完成的，所以图形编辑是设计者学会用AutoCAD绘制专业图纸的关键环节。图形编辑就是对已经绘制的图形进行修改操作（如复制、移动、旋转、修剪）。

任务一　选择编辑对象

在专业图纸绘制过程中，我们经常会对需要修改的对象进行编辑，下面着重介绍编辑操作的步骤和具体操作的方法。

一、编辑操作的步骤

① 选中要编辑的图形。
② 对选定的图形进行编辑。

二、具体操作的两种方法

① 先启动编辑命令，后选择对象。
② 先选择对象，然后进行编辑操作。在使用这种操作方法时要特别注意：必须保证选中"选择集模式"的"先选择后执行"复选框，如图4-1-1所示。设置选择集模式的方法：单击菜单"工具"，选择"选项"，打开"选项"对话框，单击"选择集"选项，选中所需选择模式的复选框。

图4-1-1

三、AutoCAD常用的选择对象的方法

（1）直接选取方式。
"直接选取方式"指把鼠标移动到要选择的对象上，单击鼠标左键，对象变成蓝色，表示对象被选中。这

种选择方式适用于选择一个对象，其特点是快捷、准确。

（2）框选方式。

"框选方式"指移动鼠标至要选择对象的左上角（或左下角），单击左键，然后拖动鼠标到对象的右下角（或右上角），会出现一个白边的蓝色实线矩形框，然后单击左键，对象变成虚线表示对象被选中（注意：第二次单击左键前一定要保证所要选择的对象完全在矩形框以内）。这种选择方式适用于选择多个对象，其优点是可快速选中多个对象。缺点是不能够精确地选中所要选择的对象。

（3）压线选方式。

"压线选方式"与第二种选择方式相反，将鼠标移动到要选择对象的右下角（或右上角），单击左键，移动光标到对象的左上角（或左下角），出现一个有白色虚线边的绿色矩形框，再次单击左键，矩形框包围和穿过的对象都被选中。这种选择方式较适合于从复杂的图形中选择需要选择的对象。

（4）全选方式。

单击菜单"编辑"—"全部选择"，或者同时按"Alt"和"A"键（提示：同时按"Ctrl"和"A"键是大多数制图软件和工作软件通用的全选方式），或者命令行提示选择对象时，用键盘输入"A"再回车，则选中图形中的所有对象。

提示：在复杂的专业制图中，我们会交替使用这些选择方式，在使用后三种选择方式选择对象时，往往不能很准确地选中我们所要选择的所有对象，可能漏选部分对象，也可能多选不需要的对象，此时可以通过以下方式只选我们需要选择的对象。

① 对漏选对象或用第二种选择方式不方便选中的对象，可以用第一种或第三种选择方式选中。

② 对多选的对象，可以按住"Shift"键，用第一种或第三种方式点击或框选此对象的虚线部分。

任务二　放弃和重做

电脑制图和我们徒手绘图一样，不论是绘制简单的图纸还是复杂的图纸，在绘制过程中都无法保证准确无误地完成每一个绘图步骤，AutoCAD为我们提供了"放弃"和"重做"命令，以便改正绘图过程中的错误操作，图标分别是 ← · 和 → · 。

（1）执行"放弃"命令。

在绘图过程中如果出现错误，我们可以使用放弃命令进行更正。执行放弃命令的方法如下。

① 在菜单栏中单击"编辑"，选择下拉菜单中的"放弃"。

② 单击标题栏"放弃"图标 ← · 。

③ 在命令行输入"U"，然后单击回车键或空格键。

④ 在键盘上同时按"Ctrl"和"Z"键。

每执行一次该命令，就可放弃上一次命令操作结果。如果要放弃多步操作，可以连续执行该命令；如果想要直接回到前面某一步操作，可以单击图标 ← · 中的小三角按钮，弹出执行过的命令菜单，如图4-2-1所示，然后选择那一步操作即可。

注意：我们在绘制一些复杂图纸的过程中需要反复使用放弃命令，有时甚至需要用放弃命令修改一个很早以前的操作，建议在执行放弃命令之前，点击菜单栏中的"文件/另存为"或者在键盘上按"Ctrl+Shift+S"，将当前图形另存一次，对修改前的图形进行备份，以免造成不必要的损失。

图4-2-1

（2）执行"重做"命令。

在绘图过程中需要重新执行刚执行过的命令时，我们可以执行"重做"命令来实现。

执行重做命令的方式有以下几种。

① 在菜单栏中单击"编辑"，点击下拉菜单中的"重做"。

② 单击标题栏"重做"图标➡️ 。

③ 在命令行输入Redo，然后按键盘上的回车键或空格键。

④ 在键盘上同时按"Ctrl"和"Y"键。

重做命令也支持多步操作，其方法和放弃命令基本一样。

任务三　删除和恢复

一、删除

在制图过程中常常需要删掉一些多余的或者不想要的对象，这时可以执行删除命令来实现。启动删除命令的方式有以下3种。

① 在菜单栏中单击"修改"，点击下拉菜单中的"删除"。

② 单击工具栏中"删除"图标 。

③ 在命令行输入Erase或E，然后按键盘上的回车键或空格键。

如图4-3-1（a）所示，将图中的辅助直线删除，有如下2种方法。

① 启动命令，然后选择需要删除的对象进行删除。具体操作如下。

用上述3种方法的任意一种即可启动删除命令。启动后命令行会提示：

命令：_erase
选择对象：找到4个要删除的对象（用交叉窗口选取方式，选中要删除的直线）
选择对象：↙（回车结束命令，结果如图4-3-1（b）所示）

② 先选择对象，后执行命令。

选中直线，然后单击工具栏"删除"图标 或在命令行输入e后单击回车键或空格键。辅助线被删除，命令结束，结果如图4-3-1（b）所示。

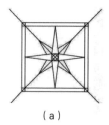 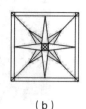

（a） （b）

图4-3-1

在使用删除命令时，可能出现操作失误，删除了一些不应该删除的对象，此时可以用恢复命令或放弃命令恢复被误删的对象。

二、恢复

恢复是将对象状态恢复到某一步命令之前。执行恢复命令可以同时按"Ctrl"和"Z"键，能够连续恢复至某一步命令之前的制图状态。

任务四　复制、镜像、偏移和阵列

一、复制

在制图过程中，经常会遇到一个对象（如规则式花坛的平面图、规则式广场的平面图）由若干个相同的图形组成，逐个画这些图形是很麻烦的事，我们可以用复制命令轻松快速地完成。

在同一幅图纸上启动复制命令的方法有以下3种。

① 在菜单栏中单击"修改"，点击下拉菜单中的"复制"。

② 单击工具栏中"复制"图标 。

③ 在命令行输入Copy或Co，然后按键盘上的回车键或空格键。

如图4-4-1所示，用圆命令绘制地面砖图案中的一个小圆，如图4-4-1（a）所示，地面砖4-4-1（b）中的小圆均用复制命令来完成。

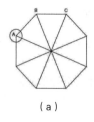 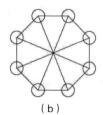

（a） （b）

图4-4-1

通过以下步骤可以绘制地面砖图案。

打开状态行中的"对象捕捉"，选择"对象捕捉设置"，打开对话框选中的"交点"捕捉方式，运行对象捕捉功能。

在命令行输入co，启动复制命令，命令行将会出现如下提示。

命令：co✓ 或COPY✓

选择对象：（选中要复制的小圆）

找到1个选择对象：点击鼠标右键或✓（结束选择对象）

当前设置：复制模式＝多个

指定基点或[位移（D）/模式（O）]<位移>：（捕捉辅助线的交点A作为基点）

指定位移的第二点或<使用第一个点作为位移>：（捕捉辅助线的交点B或C及其他点，进行复制，复制完所有辅助线上的圆后点击鼠标右键确定。绘制完成如图4-4-1（b）所示）

注意：复制命令是将原对象从一点复制到另一点，一点为基点，另一点为位移的第二点，这两点之间的距离称为位移，复制生成的对象副本的位置就是由这两个点控制的。为了精确控制对象副本的位置，我们通常使用对象捕捉功能捕捉图形的特征点作为基点或位移的第二点；或在屏幕上任意位置拾取一点作为基点，然后输入副本位置与基点的相对坐标值，或输入副本位置与基点的距离，都可以实现精确地复制。

二、镜像

在绘图过程中常需绘制对称图形，使用镜像命令可以完成对称图形的绘制。启动镜像命令有以下3种方法。

① 在菜单栏中单击"修改"，点击下拉菜单中的"镜像"。

② 单击工具栏中"镜像"图标▲。

③ 在命令行输入Mirror或Mi，然后按键盘上的回车键或空格键。

如图4-4-2所示，图中的落地窗户只绘制了一半，然后用镜像命令得到另一半。具体的操作过程如下。

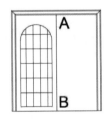 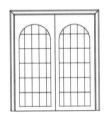

图4-4-2

在命令行输入mi，启动镜像命令，命令行将会出现如下提示。

命令：mi✓ 或MIRROR✓

选择对象：找到1个

选择对象：✓（结束选择对象）

指定镜像线的第一点：（镜像线也就是对称轴，两点确定一条直线，在这输入第一点，捕捉交点A）

指定镜像线的第二点：（输入对称轴上的第二点，捕捉交点B）

是否删除源对象?[是（Y）/否（N）]<N>：✓（直接回车为默认项"否"，也就是不删除源对象；如要删除源对象，输入"Y"回车）

三、偏移

偏移命令用于创建与源对象（如直线、圆弧、圆、椭圆、多边形、样条曲线、多段线）平行的新对象。启动偏移命令的方法如下。

① 在菜单栏中单击"修改"，点击其下拉菜单中的"偏移"。

② 单击工具栏中"偏移"图标 ⊏ 。

③ 在命令行输入Offset或O，然后按键盘上的回车键或空格键。

已绘制好花坛部分图形，如图4-4-3（a）所示，还需绘制内部三个圆，可使用偏移命令，具体的操作过程如下。

> 命令：o✓（键盘输入命令）
>
> OFFSET
>
> 指定偏移距离或[通过（T）]<通过>：600✓（使用指定偏移距离的方式复制对象。两圆之间的距离为偏移距离）
>
> 选择要偏移的对象或<退出>：（大圆）
>
> 指定点以确定偏移所在一侧：（内圆在大圆的内侧，将光标移动到大圆内侧任意位置单击，确定偏移方向，同时偏移出内圆）
>
> 选择要偏移的对象或<退出>：✓（回车结束命令）

结果如图4-4-3（b）所示。

> 命令：o✓（键盘输入命令）
>
> OFFSET
>
> 指定偏移距离或[通过（T）]<通过>：t✓（使用偏移对象通过一点的方式复制对象）
>
> 选择要偏移的对象或<退出>：（内圆）
>
> 指定通过点：（靠近圆心处的点，小外圆绘制完成）
>
> 再次重复上述命令，绘制小内圆
>
> 选择要偏移的对象或<退出>：✓（回车结束命令）

结果如图4-4-3（c）所示。

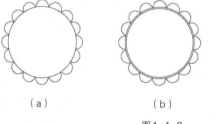

（a）　　　　　（b）　　　　　（c）

图4-4-3

在执行偏移命令时,必须注意以下几点。

① 执行偏移命令,只能用直接拾取法选取对象。

② 对不同图形执行偏移命令,会有不同结果:对圆弧执行偏移命令时,新圆弧的长度要发生变化,但新、旧圆弧的中心角相同;对直线、构造线、射线执行偏移命令时,实际上是画它们的平行线;对圆或椭圆执行偏移命令时,圆心不变,但圆的半径或椭圆的长、短轴会发生变化;对样条曲线执行偏移命令时,其长度和起始点要调整,从而使新样条曲线的各个端点在旧样条曲线相应端点的法线处。

四、阵列

阵列图形是一种有规则的复制图形命令,当绘制的图形需要有规则地分布时(在景观设计中,进行规则式广场规划设计时可能会将小品规则布局),就可使用阵列命令解决。AutoCAD 2020为我们提供了矩形阵列、环形阵列和路径阵列3种阵列方式。启动方法有以下3种。

① 在菜单栏中单击"修改",点击其下拉菜单中的"阵列"。

② 点击工具栏中的"阵列"图标🔠。

③ 在命令行输入Array或AR,然后按键盘上的回车键或空格键。

1.矩形阵列

矩形阵列是指图形呈矩形结构阵列。如图4-4-4所示,将一棵树的平面图(a)阵列成(b),具体的操作过程如下。

```
命令:AR
ARRAY
选择对象:找到1个(在屏幕上用鼠标单击图形)
选择对象:输入阵列类型 [矩形(R)/路径(PA)/极轴(PO)]<矩形>:R↙(输入R选择类型)
类型 = 矩形 关联 = 是
选择夹点以编辑阵列或[关联(AS)/基点(B)/计数(COU)/间距(S)/列数(COL)/行数(R)/层数(L)/退出(X)]<退出>:
** 行数 **
指定行数:3↙(输入行数)
选择夹点以编辑阵列或[关联(AS)/基点(B)/计数(COU)/间距(S)/列数(COL)/行数(R)/层数(L)/退出(X)]<退出>:
** 列数 **
指定列数:4↙(输入列数)
选择夹点以编辑阵列或[关联(AS)/基点(B)/计数(COU)/间距(S)/列数(COL)/行数(R)/层数(L)/退出(X)]<退出>:↙(回车结束命令)
```

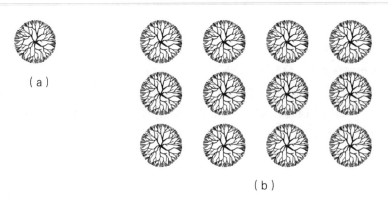

（a）

（b）

图4-4-4

2.环形阵列

环形阵列是指图形呈环形结构阵列。如图4-4-5所示，将一个叶片用阵列命令绘制成叶片环形阵列，具体的操作过程如下。

命令：AR

ARRAY

选择对象：找到1个（在屏幕上用鼠单击图形）

选择对象：输入阵列类型[矩形（R）/路径（PA）/极轴（PO）]<矩形>：PO✓（输入PO选择类型）

类型 = 极轴 关联 = 是

指定阵列的中心点或[基点（B）/旋转轴（A）]：（在屏幕上用鼠标拾取中心点）

选择夹点以编辑阵列或[关联（AS）/基点（B）/项目（I）/项目间角度（A）/填充角度（F）/行（ROW）/层（L）/旋转项目（ROT）/退出（X）]<退出>：I✓（输入I选择项目）

输入阵列中的项目数或[表达式（E）]<6>：5✓（输入个数）

选择夹点以编辑阵列或[关联（AS）/基点（B）/项目（I）/项目间角度（A）/填充角度（F）/行（ROW）/层（L）/旋转项目（ROT）/退出（X）]<退出>。

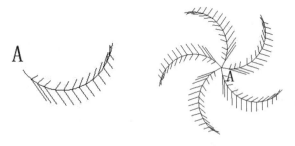

图4-4-5

3.路径阵列

路径阵列命令是把图形根据指定的路径进行阵列，路径可以是曲线、弧线、折线等线段。如图4-4-6所示，将一个圆形沿弧线阵列。具体的操作过程如下。

命令：AR

ARRAY

选择对象：找到 1 个（在屏幕上用鼠标单击圆形）

选择对象：输入阵列类型[矩形（R）/路径（PA）/极轴（PO）]＜路径＞：PA

类型 = 路径 关联 = 是

选择路径曲线：（在屏幕上用鼠标单击弧线）

选择夹点以编辑阵列或[关联（AS）/方法（M）/基点（B）/切向（T）/项目（I）/行（R）/层（L）/对齐项目（A）/z 方向（Z）/退出（X）]＜退出＞。

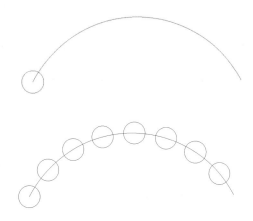

图4-4-6

提示：完成阵列操作后，得到的图形是一个整体。如果需要对其中的一个图形进行编辑，需要先分解，再编辑。

五、练习实例——圆形餐桌椅

① 绘制椅面。执行"矩形（REC）"命令，绘制 500 mm×420 mm 的矩形，如图4-4-7所示。

② 绘制扶手。执行"矩形（REC）"命令，在椅面一侧绘制 50 mm×300 mm 的矩形，作为扶手，如图4-4-8所示。

③ 选中刚刚绘制的扶手矩形，执行"镜像（MI）"命令，得到另一侧的椅子扶手，如图4-4-9所示。

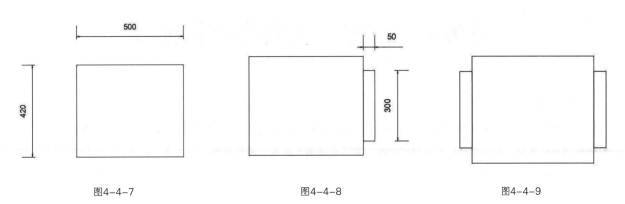

图4-4-7　　　　　　　　　　　图4-4-8　　　　　　　　　　　图4-4-9

④ 绘制靠背。执行"矩形（REC）"命令，在椅面上部绘制 400 mm×50 mm 的矩形，作为靠背，如图4-4-10所示。

⑤ 执行"偏移（O）"命令，对椅面矩形进行向内偏移，偏移尺寸为 20 mm，最终得到椅子平面图，如图4-4-11所示。

⑥ 绘制圆桌。执行"圆形（C）"命令，绘制一个半径为 1100 mm 的圆形，如图4-4-12所示。

⑦ 执行"偏移（O）"命令，对刚刚绘制的圆形向内偏移两次，偏移尺寸分别为 130 mm 和 520 mm，如图4-4-13所示。

⑧ 执行"阵列（AR）"命令，选中刚刚绘制的椅子，拾取圆桌的圆心为中心，执行环形阵列命令，个数为 10，如图4-4-14所示。至此，圆形餐桌椅绘制完成。

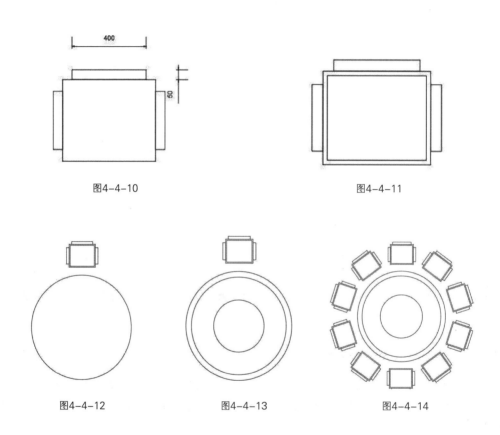

图4-4-10　　　　　　　　图4-4-11

图4-4-12　　　　　图4-4-13　　　　　图4-4-14

任务五　移动、旋转和比例缩放

一、移动

在制图过程中，我们常常需要将图纸上的某些对象进行移动，这时就主要靠移动命令来完成。为了精确地将对象移动到目标位置，应该打开"对象捕捉功能"或"直接输入距离"进行操作。

移动命令可以通过如下方法启动。

① 在菜单栏中单击"修改",点击其下拉菜单中的"移动"。

② 单击工具栏中的"移动"图标 ✛。

③ 在命令行输入Move或M,然后按键盘上的回车键或空格键。

如图4-5-1所示,将圆移动到正六边形中心,操作过程如下:

打开对象捕捉,设置对象捕捉为圆心、交点方式,启动移动命令,命令行出现如下提示。

> 启动移动命令
>
> 选择对象:找到1个(选择圆)
>
> 选择对象:↙(回车或右击鼠标结束选择对象)
>
> 指定基点或[位移(D)]<位移>:(捕捉到圆心作为移动的基点)
>
> 指定位移的第二点或<用第一点作位移>:(捕捉点A,圆移动到正六边形的中心)

提示中的基点和位移的含义与复制命令相同。

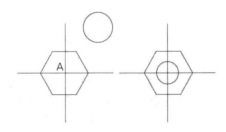

图4-5-1

二、旋转

旋转命令用于将对象绕指定点旋转。旋转对象有两种方法,如果已知旋转的角度,可以直接输入旋转角度;如果旋转角度未知,可以指定参照角度。

启动旋转命令的方法如下。

① 在菜单栏中单击"修改",点击其下拉菜单中的"旋转"。

② 单击工具栏中的"旋转"图标 ↻。

③ 在命令行输入ROTATE或ro,然后按键盘上的回车键或空格键。

(1)指定角度旋转。

> ROTATE
>
> UCS当前的正角方向:ANGDIR=逆时针 ANGBASE=0
>
> 选择对象:指定对角点:找到5个(用压线选择方式选中矩形图标,如图4-5-2所示)
>
> 选择对象:↙(结束选择对象)
>
> 指定基点:(捕捉矩形图标左下角点,作为旋转的基点)
>
> 指定旋转角度或[参照(R)]:45↙(输入旋转角度,回车结束旋转命令)

旋转角度的方向逆时针为正，顺时针为负。

图4-5-2

（2）将图形以参照方式旋转。
将如图4-5-3所示的圆盘旋转。

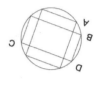

图4-5-3

启动旋转命令

ROTATE

UCS当前的正角方向：ANGDIR=逆时针 ANGBASE=0

选择对象：指定对角点：找到 5 个（用交叉窗口方式选中圆盘）

选择对象：指定对角点：找到 7 个（3 个重复），总计 9 个（用压线选择方式选中圆盘）

选择对象：✓（结束选择对象）

指定基点：（捕捉A点作为旋转的基点）

指定旋转角度或[参照（R）]：r✓（以参照方式旋转图形）

指定参照角<0>：（角DBC作为参照角度，捕捉B点）

指定第二点：（捕捉D点）

指定新角度：（捕捉C点，结束旋转命令）

三、缩放

缩放命令用于将图形对象放大或缩小。缩放对象有两种方法，一种是直接输入缩放比例因子，另一种是给定参照。

启动缩放命令的方法如下。

① 在菜单栏中单击"修改"，点击下拉菜单中的"缩放"。

② 单击工具栏中的"缩放"图标█。

③ 在命令行输入Scale或SC，然后按键盘上的回车键或空格键。

（1）输入比例因子缩放图形。

将树的立面图缩小一半，如图4-5-4所示。

命令：SC↙（键盘输入命令）

SCALE

选择对象：指定对角点：找到 258 个（用窗口方式选择树）

选择对象：↙（结束选择对象）

指定基点：（捕捉树的底）

指定比例因子或[参照（R）]：0.5↙（输入比例因子，回车并结束命令）

（2）用参照方式缩放图形。

将图4-5-5中六边形的对边距离缩放到 2000 mm。

命令：SC↙（键盘输入命令）

SCALE

选择对象：指定对角点：找到 2 个（用窗口方式选择圆和六边形）

选择对象：↙（结束选择对象）

指定基点：（捕捉圆心作为缩放的基点）

指定比例因子或[参照（R）]：r↙（选择参照方式来缩放图形）

指定参照长度<1>：（六边形的对边距离AB作为参照长度，捕捉A点）

指定第二点：（捕捉B点）

指定新长度：2000↙（输入对边距离AB的新长度，回车结束命令）

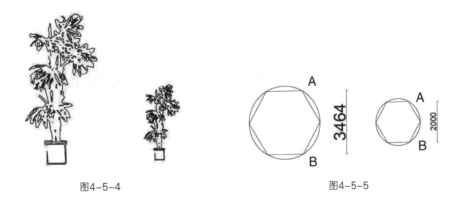

图4-5-4   图4-5-5

四、练习实例——卧室布置图

① 执行"矩形（REC）"命令，绘制一个 2050 mm×1500 mm矩形，如图4-5-6所示。

② 执行"直线（L）"命令，绘制直线，如图4-5-7所示。

③ 执行"圆弧（A）"命令，绘制床上用品，如图4-5-8所示。

④ 执行"矩形（REC）"命令，绘制床头柜，如图4-5-9所示。

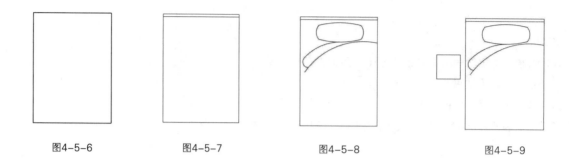

图4-5-6　　　　　图4-5-7　　　　　图4-5-8　　　　　图4-5-9

⑤ 执行"圆形（C）"和"直线（L）"命令，绘制台灯，如图4-5-10所示。

⑥ 执行"缩放（SC）"命令，以圆心为基点，比例因子为0.8，台灯缩小，如图4-5-11所示。

⑦ 执行"移动（M）"命令，将床头柜和台灯移动至床边，如图4-5-12所示。

⑧ 执行"镜像（MI）"命令，复制一组床头柜和台灯，如图4-5-13所示。至此，卧室布置图完成。

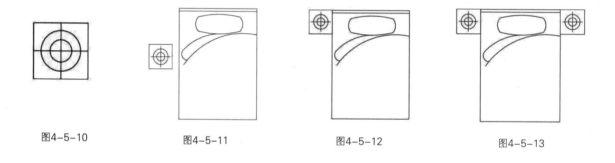

图4-5-10　　　　　图4-5-11　　　　　图4-5-12　　　　　图4-5-13

任务六　拉长、拉伸和延伸

一、拉长

拉长命令多用于延伸或缩短直线或圆弧。启动拉长命令的方法如下。

① 在菜单栏中单击"修改"，点击下拉菜单中的"拉长"。

② 单击工具栏中的"拉长"图标█。

③ 在命令行输入Lengthen或Len，然后按键盘上的回车键或空格键。

用上述3种方法中的任意一种输入命令后，AutoCAD命令行都会显示如下提示：

选择要测量的对象或[增量（DE）/百分比（P）/总计（T）/动态（DY）]：

该行共有 5 个选项。

（1）增量（DE）。

增量（DE）指以输入拉长长度来改变直线或圆弧的长度。长度增量为正值时，对象变长；长度增量为负值时，对象变短。

将图中的直线AB拉长，如图4-6-1所示。

命令：len✓（键盘输入命令）

LENGTHEN

选择要测量的对象或[增量（DE）/百分比（P）/总计（T）/动态（DY）]：de✓（以增量方式改变长度）

输入长度增量或[角度（A）]<0.0000>：5✓（输入拉长长度）

选择要修改的对象或[放弃（U）]：（将光标移动到B点附近的直线AB上，单击左键，B点一端的直线变长5个单位）

选择要修改的对象或[放弃（U）]：✓（回车结束命令）

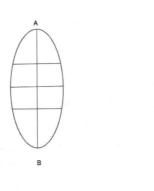

图4-6-1

（2）百分比（P）。

百分比（P）指以给定对象总长百分比的形式改变圆弧或直线的长度。

（3）总计（T）。

总计（T）指输入直线或圆弧的新长度改变其长度。

（4）动态（DY）。

动态（DY）指动态地改变圆弧或直线的长度。执行该选项时，将提示：

选择要修改的对象或[放弃（U）]：（单击要拉长对象的一端，拖动鼠标，对象长度就跟着改变）

指定新端点：（将端点移动到新位置，单击左键）

选择要修改的对象或[放弃（U）]：（若继续，则选择对象；若结束命令，则回车）

（5）选择要测量的对象。

这是默认项。若直接选取对象，AutoCAD会显示出它的长度，同时将提示：

选择要测量的对象或[增量（DE）/百分比（P）/总计（T）/动态（DY）]：

该提示行中各选项的含义与前面介绍的同名项的含义相同。

二、拉伸

拉伸命令用于拉伸图形对象，并根据需要改变对象的形状。将直线、圆弧、椭圆弧、多段线等对象用交叉窗口选中进行拉伸时，在交叉窗口内的端点将被移动，位于窗口外的端点不动。

启动拉伸命令的方法如下。

① 在菜单栏中单击"修改",点击下拉菜单中的"拉伸"。

② 单击工具栏中的"拉伸"图标□。

③ 在命令行输入Stretch或S,然后按键盘上的回车键或空格键。

将平面图拉伸,如图4-6-2所示。

命令:s✓（键盘输入命令）

STRETCH

以压线选择或交叉多边形选择要拉伸的对象...

选择对象:（用压线选择对象,在虚线所示矩形的右下角单击,如图4-6-2（a）所示）

指定对角点:找到 3 个（虚线所示矩形的左上角单击）

选择对象:✓（结束选择对象）

指定基点或[位移（D）]<位移>:（捕捉C点作为基点）

指定位移的第二个点或<用第一个点作位移>:900✓（确定正交功能打开,鼠标向右移动,输入拉伸长度,回车图形被拉伸,如图4-6-2（b）所示）

如果整个对象都在选取窗口内,则执行拉伸的结果是对其进行移动。

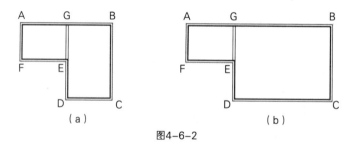

图4-6-2

三、延伸

延伸命令用于延伸图中需要延伸的对象,并使其延伸到由其他对象定义的边界。启动延伸命令的方法如下。

① 在菜单栏中单击"修改",点击其下拉菜单中的"延伸"。

② 单击工具栏中"延伸"图标➡。

③ 在命令行输入Extend或ex,然后按键盘上的回车键或空格键。

将弧线延伸,如图4-6-3所示。

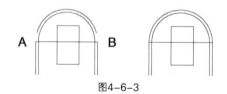

图4-6-3

命令：ex✓（键盘输入命令）

EXTEND

当前设置：投影=UCS，边=无选择边界的边...

选择对象：找到 1 个（选择延伸边界，选择直线A）

选择对象：找到 1 个，总计 2 个（选择延伸边界，选择直线B）

选择对象：✓（结束选择延伸边界）

选择要延伸的对象或按住"Shift"键选择要修剪的对象，或者[栏选（F）/窗交（C）/投影（P）/边（E）]：（单击靠近A点的圆弧端，将圆弧延伸到A点）

选择要延伸的对象或按住"Shift"键选择要修剪的对象，或者[栏选（F）/窗交（C）/投影（P）/边（E）]：（单击靠近B点的圆弧端，将圆弧延伸到B点）

选择要延伸的对象或按住"Shift"键选择要修剪的对象，或者[栏选（F）/窗交（C）/投影（P）/边（E）]：✓（结束选择要延伸的对象）

对不封闭的多段线才能延伸，对封闭的多段线则不能。宽多段线作为边界时，其中心线为实际的边界线。直线、圆弧、圆、椭圆、椭圆弧、多段线、样条曲线、射线、构造线以及文本等都可作为边界线。按住"Shift"键可与修剪命令互换。

四、练习实例——茶几、台灯

① 执行"矩形（REC）"命令，绘制 500 mm×500 mm矩形，作为茶几轮廓，如图4-6-4所示。

② 执行"偏移（O）"命令，对矩形向内偏移 20 mm，如图4-6-5所示。

③ 打开"对象捕捉（F3）"，执行"直线（L）"命令，以矩形的中点为起点绘制两条辅助线，如图4-6-6所示。

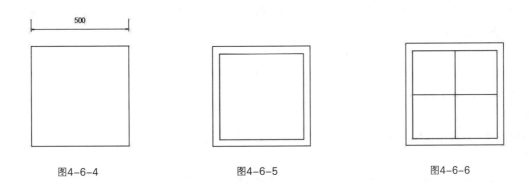

图4-6-4　　　　　　　　　　图4-6-5　　　　　　　　　　图4-6-6

④ 执行"圆形（C）"命令，以辅助线的交叉点为圆心绘制一个半径为 100 mm的圆，如图4-6-7所示。

⑤ 执行"偏移（O）"命令，对圆形向往外偏移 70 mm，如图4-6-8所示。

⑥ 执行"拉长（Len）"命令，再输入"DY（动态）"，改变直线的长度，使之与大圆相交，如图4-6-9所示。

⑦ 执行"删除（E）"命令，最终得到茶几、台灯图形，如图4-6-10所示。

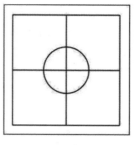
图4-6-7

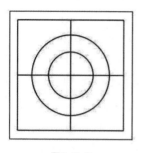
图4-6-8

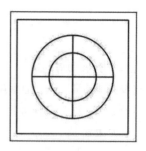
图4-6-9

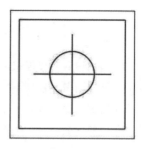
图4-6-10

任务七　修剪、打断和分解

一、修剪

修剪命令用于将图形对象作为剪切边界，把图形以外的无用的直线、圆、圆弧、多段线、样条曲线、射线、构造线及文本等剪掉。

启动修剪命令的方法如下：

① 在菜单栏中单击"修改"，点击其下拉菜单中的"修剪"。

② 单击工具栏中的"修剪"图标 。

③ 在命令行输入Trim或tr，然后按键盘上的回车键或空格键。

使用修剪命令前要确定修剪边界和被修剪的对象。例如，用修剪命令将图4-7-1（a）修剪成图4-7-1（b），直线AB是修剪边界，直线CD是被修剪对象。执行修剪命令时，要先选择修剪边界，再选择被修剪的对象。

具体操作过程如下。

命令：tr↙（键盘输入命令）
TRIM
当前设置：投影=UCS，边=无
选择剪切边…
选择对象或<全部选择>：找到1个（选择直线AB作为修剪边界）
选择对象：↙（结束选择修剪边界）
选择要修剪的对象，或按住"Shift"键选择要延伸的对象，或者[栏选（F）/窗交（C）/投影（P）/边（E）/删除（R）]：（选择直线CD的C端，这一部分被剪切）
选择要修剪的对象，或按住"Shift"键选择要延伸的对象，或者[栏选（F）/窗交（C）/投影（P）/边（E）/删除（R）/放弃（U）]：↙（回车结束命令）

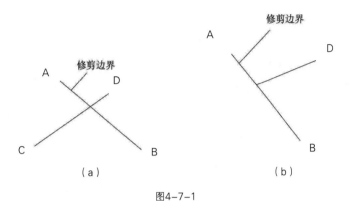

（a）   （b）

图4-7-1

二、打断

打断命令可以把对象在两个指定点之间的部分删除，或将一个对象打断成两个具有同一端点的对象。

启动打断命令的方法如下。

① 在菜单栏中单击"修改"，点击下拉菜单中的"打断"。

② 单击工具栏中的"打断"图标 。

③ 在命令行输入Break或br，然后按键盘上的回车键或空格键。

打断直线AB，如图4-7-2所示。

> 命令：br✓（键盘输入命令）
>
> BREAK
>
> 选择对象：（选择直线）
>
> 指定第二个打断点或[第一点（F）]：f✓（精确打断点的位置，选择此方式）
>
> 指定第一个打断点：（捕捉交点A点作为打断的第一点）
>
> 指定第二个打断点：（捕捉交点B点作为打断的第二点，并结束命令）

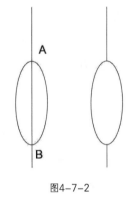

图4-7-2

三、分解

分解命令就是将多段线、多边形、矩形、图块、文字、标注等组合对象分解为其部件对象。

启动分解命令的方法如下。

① 在菜单栏中单击"修改"，点击其下拉菜单中的"分解"。

② 单击工具栏中的"分解"图标 。

③ 在命令行输入Explode或x，然后按键盘上的回车键或空格键。

如图4-7-3所示，将树平面图分解。

分解对象前，树的平面图例是一个整体。选择对象，这个图形被选中，如图4-7-3（a）所示，而将对象分解后，各个部分成为独立的对象，每个对象可单独选中，如图4-7-3（b）所示。

命令: x✓（键盘输入命令）

EXPLODE

选择对象：找到1个（选择树平面图）

选择对象：✓（结束选择对象，同时结束命令）

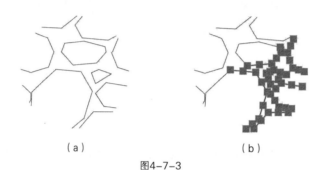

（a）　　　　　　　　　　　（b）

图4-7-3

四、练习实例——亭子平面图

① 执行"矩形（REC）"命令，绘制边长为3600 mm的正方形，如图4-7-4所示。

② 执行"偏移（O）"命令，使正方形边框向内偏移150 mm，如图4-7-5所示。

③ 再次执行"偏移（O）"命令，正方形内边框向内偏移300 mm，如图4-7-6所示。

④ 执行"直线（L）"命令，绘制内部正方形的对角线，如图4-7-7所示。

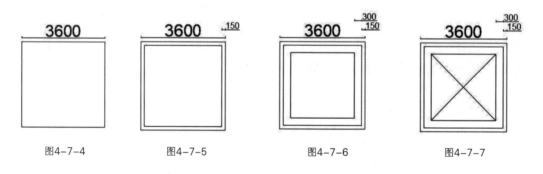

图4-7-4　　　　　　　图4-7-5　　　　　　　图4-7-6　　　　　　　图4-7-7

⑤ 执行"分解（X）"命令，将内部的正方形分解，然后重复执行"偏移（O）"命令，将左侧直线向内偏移75 mm，如图4-7-8所示。

⑥ 执行"修剪（TR）"命令，将多余的部分剪掉，如图4-7-9所示。

⑦ 把刚刚修剪过的直线全部选中，执行"镜像（MI）"命令，得到最终的图形，如图4-7-10所示。

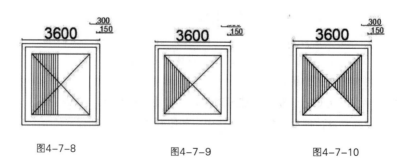

图4-7-8　　　　　　　图4-7-9　　　　　　　图4-7-10

任务八　倒角和圆角

一、倒角

倒角命令指在两个非平行对象间加一倒角。这个对象可以是直线、多段线、构造线和射线。

启动倒角命令的方法如下。

① 在菜单栏中单击"修改"，点击其下拉菜单中的"倒角"。

② 单击工具栏中的"倒角"图标█。

③ 在命令行输入Chamfer或cha，然后按键盘上的回车键或空格键。

给图4-8-1加倒角，如图4-8-2所示。

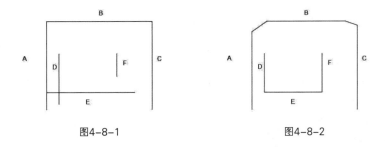

图4-8-1　　　　　　　　　　　图4-8-2

（1）根据两个倒角距离绘制倒角。

> 命令：cha↙（键盘输入命令）
>
> CHAMFER
>
> （"修剪"模式）当前倒角距离1=0.0000，距离2=0.0000（当前倒角的两个距离，如不符合要求，需重新设置）
>
> 选择第一条直线或[放弃（U）/多段线（P）/距离（D）/角度（A）/修剪（T）/方式（E）/多个（M）]：d↙（用两个倒角距离的方式设置倒角大小）
>
> 指定第一个倒角距离<0.0000>：60↙（输入直线A上的倒角距离）
>
> 指定第二个倒角距离<60.0000>：90↙（输入直线B上的倒角距离）
>
> 选择第一条直线或[放弃（U）/多段线（P）/距离（D）/角度（A）/修剪（T）/方式（E）/多个（M）]：（选择直线A，如图4-8-1所示）
>
> 选择第二条直线：（选择直线B，并结束命令，结果如图4-8-2所示）

提示：如果两个倒角距离不等，必须注意选择直线的顺序；如果两个倒角距离相同，不必考虑选择直线的顺序。

（2）根据距离和角度绘制倒角。

按空格键重复倒角命令。

命令：CHAMFER

（"修剪"模式）当前倒角距离1=60.0000，距离2=90.0000

选择第一条直线或[放弃（U）/多段线（P）/距离（D）/角度（A）/修剪（T）/方式（E）/多个（M）]：a↙（用一个倒角距离和角度的方式重新设置倒角大小）

指定第一条直线的倒角长度<80.0000>：90↙（输入直线B上的倒角距离）

指定第一条直线的倒角角度<30>：30↙（输入直线B上的倒角角度）

选择第一条直线或[放弃（U）/多段线（P）/距离（D）/角度（A）/修剪（T）/方式（E）/多个（M）]：（选择直线B，如图4-8-1所示）

选择第二条直线：（选择直线C，并结束命令，结果如图4-8-2所示）

（3）倒角命令还可以修剪和延伸图形对象。

如果将倒角长度设置为零，就可以修剪或延伸图形对象。

按空格键重复倒角命令。

命令：CHAMFER

（"修剪"模式）当前倒角长度=90.0000，角度=30

选择第一条直线或[放弃（U）/多段线（P）/距离（D）/角度（A）/修剪（T）/方式（E）/多个（M）]：D↙（以两个倒角距离的方式设置倒角大小）

指定第一个倒角距离<60.0000>：0↙（倒角距离设置为0）

指定第二个倒角距离<0.0000>：0↙（倒角距离设置为0）

选择第一条直线或[放弃（U）/多段线（P）/距离（D）/角度（A）/修剪（T）/方式（E）/多个（M）]：（选择直线D的一侧，如图4-8-1所示）

选择第二条直线：（选择直线E的一侧，并结束命令，修剪两条直线，结果如图4-8-2所示）

按空格键重复倒角命令。

命令：CHAMFER

（"修剪"模式）当前倒角距离1=0.0000，距离2=0.0000

选择第一条直线或[放弃（U）/多段线（P）/距离（D）/角度（A）/修剪（T）/方式（E）/多个（M）]：（选择直线E，如图4-8-1所示）

选择第二条直线：（选择直线F，并结束命令，延伸两条直线，结果如图4-8-2所示）

如果对多段线加倒角，则整条多段线的各个转折点均有倒角，倒角生成的线段成为多段线的一部分。

二、圆角

圆角命令是用光滑的圆弧把两个对象连接起来。这个对象可以是直线、圆、圆弧、样条曲线、多段线、构造线和射线。

（1）启动圆角命令的方法。

① 在菜单栏中单击"修改"，点击其下拉菜单中的"圆角"。

② 单击工具栏中的"圆角"图标█。

③ 在命令行输入Fillet或F，然后按键盘上的"Enter"或空格键。

将图形加圆角，如图4-8-3所示。

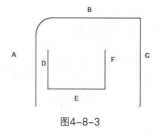

图4-8-3

命令：f↙（键盘输入命令）

当前设置：模式=修剪，半径=60.0000（当前圆角半径，如不符合要求，需重新设置）

选择第一个对象或[放弃（U）/多段线（P）/半径（R）/修剪（T）/多个（M）]：r↙（重新设置圆角半径大小）

指定圆角半径<60.0000>：90↙（输入圆角半径大小）

选择第一个对象或[放弃（U）/多段线（P）/半径（R）/修剪（T）/多个（M）]：（选择直线A，如图4-8-1所示）

选择第二个对象：（选择直线B，同时结束命令，结果如图4-8-3所示）

（2）圆角命令还可以修剪和延伸图形对象。

如果将圆角半径设置为零，就可以修剪或延伸图形对象。

按空格键重复圆角命令。

命令：FILLET

当前设置：模式=修剪，半径=90.0000

选择第一个对象或[放弃（U）/多段线（P）/半径（R）/修剪（T）/多个（M）]：r↙（设置圆角半径）

指定圆角半径<90.0000>：0↙（输入圆角半径大小）

选择第一个对象或[放弃（U）/多段线（P）/半径（R）/修剪（T）/多个（M）]：（选择直线D的一侧，如图4-8-1所示）

选择第二个对象：（选择直线E的一侧，并结束命令，修剪两条直线，结果如图4-8-3所示）

按空格键重复圆角命令。

命令：FILLET

当前设置：模式=修剪，半径=0.0000

选择第一个对象或[放弃（U）/多段线（P）/半径（R）/修剪（T）/多个（M）]：（选择直线E，如图4-8-1所示）

选择第二条直线：（选择直线F，并结束命令，延伸两条直线，结果如图4-8-3所示）

如果对两条平行线倒圆角，AutoCAD默认将倒圆角的半径定为两条平行线间距的一半。

三、练习实例——沙发

① 执行"矩形（REC）"命令，绘制一个 700 mm×600 mm 的矩形，如图4-8-4所示。

② 执行"偏移（O）"命令，对矩形向内偏移 100 mm，如图4-8-5所示。

③ 执行"分解（X）"命令，对两个矩形进行分解，然后执行"延伸（EX）"命令，如图4-8-6所示。

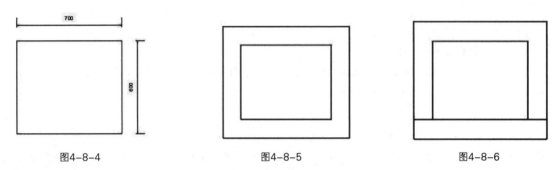

| 图4-8-4 | 图4-8-5 | 图4-8-6 |

④ 执行"拉伸（S）"命令，对图形进行拉伸，如图4-8-7所示。

⑤ 执行"修剪（TR）"命令，对图形进行修剪，如图4-8-8所示。

⑥ 执行"圆角（F）"命令，对沙发各个直角进行圆角操作，如图4-8-9所示。

⑦ 再次执行"圆角（F）"命令，对沙发坐面部分进行圆角操作，如图4-8-10所示。

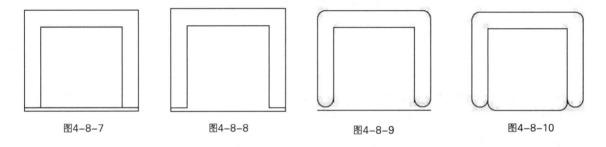

| 图4-8-7 | 图4-8-8 | 图4-8-9 | 图4-8-10 |

任务九　夹点编辑

我们在绘制园林图时经常要用样条曲线绘制图形，如弯曲的路、水体、地形等高线。如果曲线绘制得不满意，可以使用夹点编辑来调整曲线的形状。

直接选取图形对象，在对象的每一个特征点上会出现一些小方框，这就是夹点，选中的图形对象则变成虚线，如图4-9-1所示。利用夹点可以进行拉伸、移动、镜像、旋转、缩放等编辑操作，从而获得我们想要的图形。

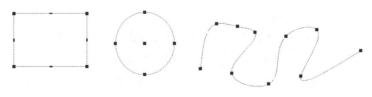

图4-9-1

下面以改变样条曲线的形状为例说明夹点编辑的功能和过程，如图4-9-2所示。

① 选取对象。将光标移动到样条曲线上，单击选中样条曲线。

② 将光标移动到要进行编辑操作的夹点上，单击左键，夹点变成红色，变成红色的夹点称为热点。热点是可编辑的夹点。AutoCAD默认执行的命令是拉伸，在这里我们就使用拉伸命令来改变样条曲线的形状。

③ 移动光标，样条曲线的形状也随着变化，将光标移动到合适的位置，单击左键，样条曲线形状改变。

如要调整多个夹点的位置，可以重复步骤②、③。如果要同时编辑多个夹点，也就是生成多个热点，则按住"Shift"键再单击夹点。

对于其他常见几何图形，使用夹点编辑执行系统默认命令的结果如下。

① 直线，直线有3个夹点，即两个端点和中点。如果热点为直线的中点，则结果是移动直线。如果热点为端点，则改变直线的长度。

② 圆，夹点为圆心和象限点。如果热点为圆心，则移动圆；如果热点为象限点，则改变圆的直径。

③ 椭圆，夹点为椭圆心和象限点。如果热点为椭圆心，则移动椭圆；如果热点为象限点，则改变椭圆的长轴或短轴的长度。

④ 圆弧，夹点为圆心、两个端点和中点。如果热点为圆心，则移动圆弧；如果热点为夹点，则改变圆弧的半径和长度。

使用夹点编辑还可以进行移动、镜像、旋转、缩放等操作。在热点上单击右键，弹出如图4-9-3所示的右键菜单，选择其中的选项，进行相应的操作。

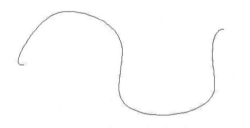

图4-9-2

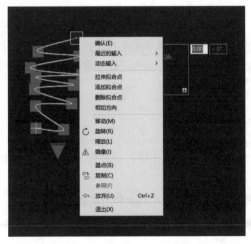

图4-9-3

项目五　块的应用及距离和面积的测量

任务一　块及块的应用

一、块的概述

块也称为图块，是AutoCAD图形设计中的一个重要概念。在绘制图形时，如果图形中有大量相同或相似的内容，或者所绘制的图形与已有的图形文件相同，则可以把要重复绘制的图形创建成块，并根据需要为块创建属性，指定块的名称、用途及设计者等信息，在需要时直接插入它们，从而提高绘图效率。

块是一个或多个对象组成的集合，常用于绘制复杂、重复的图形。一旦一组对象组合成块，就可以根据作图需要将这组对象插入到图中任意指定位置，而且还可以按不同的比例和旋转角度插入。在AutoCAD中，使用块可以提高绘图速度、节省存储空间、便于修改图形。

二、块的创建、插入与编辑

块有两种，一种是内部块，一种是外部块。当所定义的图块仅属于当前AutoCAD文件时，被称之为内部块。若想要建立图形库，块就必须能适用于所有DWG文件，而这种块必须是外部块。

1.块与图层的关系

块可以由绘制在若干图层上的对象组成，系统可以将图层的信息保留在块中。当插入这样的块时，AutoCAD有如下约定。

① 插入块后，原来位于当前图层上的对象被绘制在当前图层，并按当前图层的颜色与线型绘出。

② 对于块中其他图层上的对象，若块中包含与图形中的图层同名的层，块中该层上的对象仍绘制在图中的同名层上，并按图中该层的颜色与线型绘制。块中其他图层上的对象仍在原来的图层上绘出，并给当前图形增加相应的图层。

③ 如果插入的块由多个位于不同图层上的对象组成，那么冻结某一对象所在的图层后，该图层上属于块上的对象将不可见；当冻结插入块的当前层时，不管块中各对象处于哪一图层，整个块将不可见。

④ 一般要在"0"图层上创建块，块的颜色、线型和线宽等特性是"透明"的，在其他图层插入块时，块使用的是该图层的特性。

2.创建块

（1）创建内部块（快捷键B）。

将一组图形对象定义为块，在定义块之前要先绘制好这些图形对象。下面就以植物雪松块为例简单说明一下块的创建方法。

首先绘制好雪松的平面，如图5-1-1（a）所示。具体方法如下。

输入命令B，按空格键或回车键确认，具体设置如图5-1-2所示。

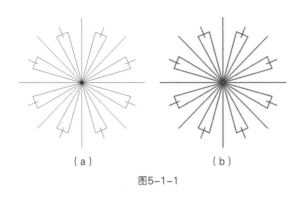

（a）　　　　　　　（b）

图5-1-1

图5-1-2

① 名称：在名称的输入框中输入"雪松"。

② 基点：将块插入文件的插入点。使用鼠标选择屏幕上雪松的中心拾取点作为基点。

单击按钮 ，然后屏幕显示绘图状态，在屏幕上拾取雪松的中心点作为图块的基点，然后画面回到对话框，拾取到点的坐标值自动输入到坐标输入框中，基点选择完成。

③ 单击按钮 ，窗口显示回到绘图界面，选择雪松的平面图图形内容，按空格键回到对话框，这里有三个选项：保留、转换为块和删除。它们的含义如下。

A.保留：块的原始图形保留原状。

B.转换为块：块的原始图形转换为块，而不是原来的图形。

C.删除：块的原始图形被删除。

这里我们选择"转换为块"。

④ 设置：设定块的尺寸单位，一般选择默认单位"毫米"。

⑤ 说明：在说明输入框中可以输入植物雪松的资料。我们选择不设置。

设置完毕，完成植物雪松内部块的定义。定义为块之前的图形或者没有定义为块的图形，点选时只能选中其中的某个图形对象，如图5-1-1（a）所示；定义为块后则可全部选中，如图5-1-1（b）所示。

（2）创建外部块（快捷键W）。

内部块只能用于同一张图形，但有时我们需要调用其他图形所定义的块，也就是外部块。创建外部块和创建内部块是一样的，唯一的区别是外部块可以作为一个独立图形存入磁盘中。

输入命令W，按空格键或回车键确认，弹出如图5-1-3所示的"写块"对话框，具体设置如下。

① 源：所创建外部块的来源。

A.块，就是所创建外部块的来源为当前文件中的块，单击选择框的下拉箭头，选择想要创建为外部块的源块名。

图5-1-3

B.整个图形，就是所创建外部块的来源为当前整个绘图文件。

C.对象，就是所创建外部块的来源为当前绘图文件中选择的对象图形。

下面将图5-1-1（a）所示植物雪松的平面图创建为外部块。

在这里我们设置"源"的选项为"对象"，如图5-1-3所示。

② 基点：同创建内部块。

③ 对象：同创建内部块。

④ 目标：定义外部块的文件名及存储路径。在这里输入我们所创建图形库的磁盘位置及块名称。

⑤ 插入单位：一般默认为毫米。

全部设置完成后，单击回车键确认，外部块的定义完成。

3.插入块

（1）插入内部块（快捷键I）。

将定义好的块插入我们所需要的图形文件时，需确定的特征参数有块名称、插入点的位置、插入比例以及块的旋转角度。

输入命令I，按空格键或回车键确认，然后画面显示如图5-1-4所示的"插入"对话框，根据插入需要设置对话框中的选项。对话框中的设置如下。

① 名称：就是我们要插入的块的名称，单击下拉菜单，选择"雪松"。此时插入的为内部块。

② 插入点：所插入块在AutoCAD图形上的确切位置。设置插入点的常用方法是选择"在屏幕上指定"，根据需要在屏幕上拾取插入点。

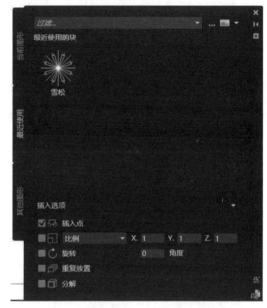

图5-1-4

③ 缩放比例：插入块时根据需要设置块的比例。块插入比例的设置方法与块插入点的设置方法相同。但是插入块比例的设置我们一般不选择在屏幕上指定，而是输入精准的比例。比例设置的选项有X、Y、Z和统一比例四个选项。X选项是块插入后和插入前在X方向上的比值，Y、Z选项同理，因为我们绘制的图形为二维图形，所以Z轴上的比值没有意义。统一比例就是锁定X、Y、Z三个方向的比值为同一数值。

④ 旋转：将定义块插入到图形中的时候，有时需要将块旋转一定的角度。设置旋转角度时可以直接在角度输入框中输入旋转角度值，也可以在屏幕上指定。我们在角度输入框中输入数值0。

⑤ 分解：一般不选。如果选定，块插入后就回到成块以前的凌乱图形状态，也就失去了块的意义，因此只有在特殊需要的情况下才会使用。

设置完成，回车确认。然后在屏幕上指定插入点，插入内部块完成。

（2）插入外部块。

插入外部块与插入内部块的方法基本相同，只是在选择块名的时候需单击"浏览"按钮，到存储外部块的磁盘找到想要插入的块，其他内容同内部块的插入。

4.编辑块

将图5-1-5（a）中的树块修改成图5-1-5（b）中的树块，具体的操作步骤如下。

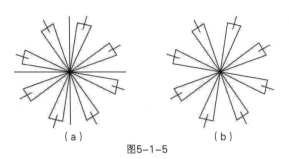

（a） （b）

图5-1-5

（1）一般方法。

① 使用分解命令（快捷键X）将内部块分解。

② 修改图形，删除不需要的部分。修改后图形如图5-1-5（b）所示。

③ 把图形定义为块。对话框设置如图5-1-6所示。

注意：如果仅对当前选择块进行修改，则必须改变块的名称。如果块的名称与原块的名称相同，回车确认后会弹出如图5-1-7所示的警告面板，选择"重新定义块"，回车确认，此时的块被更改，并且图像中所有相同块都被更改。

图5-1-6 图5-1-7

（2）使用块编辑器。

① 选择需要修改的块，然后单击鼠标右键，弹出如图5-1-8所示的菜单。

② 单击块编辑器进入块编辑器状态。选择不需要的图形删掉。单击关闭块编辑器，如图5-1-9所示，这时会弹出如图5-1-10所示的提示面板，选择"将更改保存到雪松"按钮。

③ 画面显示如图5-1-5（b）所示图形，块编辑工作完成。

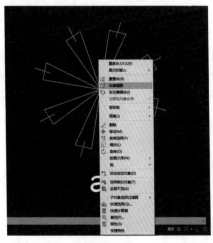

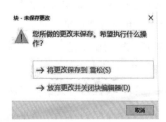

图5-1-8 图5-1-9 图5-1-10

三、块属性的定义和应用

属性是块中的文本信息，它属于块的一个组成部分，其可见性可以控制。AutoCAD的这个特性对于我们的实际工作用处很大。要想创建带属性的块，首先要定义块的属性，然后必须将所定义的属性和要定义为块的对象一起定义为块，只有这样，才能使属性成为块的一部分。属性有两种：一种是固定属性，即定义块属性时是固定的，在插入块时属性和定义块属性值一致；另一种是可变属性，即在插入带有可变属性块的时候，需根据需要输入属性值。

1.带固定属性块的创建及应用

在绘制图形文件时，经常将一些反复出现并需要附带属性的图形定义为块。例如，园林建筑设计就会用到大量的植物块，因此会把树木的一些基本规格如冠幅、树高、胸径等作为属性附着于块之上，然后再把这些带有属性的树块根据具体要求插入到图形中。当图形绘制完成后进行苗木统计，树块的属性可提取出来，苗木统计表可自动生成为Excel苗木表格。AutoCAD的这一特点大量节省了后期人工统计苗木表的时间和精力。反过来我们还可以将导出的苗木表格用OLE的方式插入到AutoCAD图形文件中，这样后期的文件输出及绿化施工图中的苗木表不仅可以单独编辑和打印，而且还可以作为平面图的一部分一起打印。

下面就以图5-1-11为例来说明如何创建带固定属性的图块以及块属性的提取方法和编辑修改方法。

图5-1-11

（1）块属性的定义。

要想定义属性，必须先绘制好带属性的块图形，然后定义属性内容，在这里我们可以给一个块定义多个属性。

属性属于文本信息，还要根据需要来设置属性的文字样式。

如图5-1-11所示，根据紫色大树平面图和绿色小树平面图，我们先来定义大树的三个属性，分别是胸径10～12 cm、树高 4.5～5.5 m、冠幅 3.5 m。首先建一个名为"lh"的文字样式作为属性文本信息的文字样式，设置样式中的字体为仿宋字，字高为 10 mm。输入命令ATT，命令确认后弹出如图5-1-12所示"属性定义"对话框。先定义属性冠幅，具体参数设置如下。

① 模式：共有 6 个选项。

A.不可见：控制属性是否可见。选中后属性不可见；未选中属性可见。

B.固定：控制属性值为常量或者变量。选中此项，属性为固定值，属性定义完成后再插入时不提示输入数值；不选中此项，属性为可变值，每次插入时系统都会提示输入属性值。

C.验证：在插入块的过程中验证属性值是否正确。一般不选。

D.预设：属性值预设完成后再插入块时，属性值输入提示对话框不再弹出，而是自动输入默认值，若没有指定默认值，则留空。

E.锁定位置：一般不使用。

F.多行：单行文字属性在用户界面上限制在 255 个字符以内，多行文字属性比单行文字属性提供了更多格式选项。多行文字属性显示四个夹点（与多行文字类似），而单行文字属性仅显示一个夹点。如果多行文字属性转换回AutoCAD的早期版本，则这两种属性类型之间的区别可能导致很长的文字行截断和格式的丢失。不过，在截断任何字符之前，AutoCAD将显示对话框，让用户可以取消该操作。

"验证"和"预设"选项只在属性为可变值时为可选项。在这里我们设置绿色大树块的每个属性都为不可见、固定值，在相应的选项前面勾选。

②属性：共 3 个选项。

A.标记：相当于属性名，在文本框中输入属性名"冠幅"。

B.提示：对固定属性不可用，假设不选择固定选项，在文本框输入属性提示信息，在插入带可变属性的图块时，命令提示行会出现在这里输入的提示信息。

C.默认：属性的数值，我们将冠幅定义为属性，在文本框输入"3.5"。

③插入点：属性文本插入时的基点。我们直接在屏幕上拾取基点。返回绘图窗口，在树的平面图右侧偏上位置选择插入基点。

④文字设置：用来确定属性文本的格式。其中"对正"用来确定属性文本的对正方式，选择左对齐；文字样式选择"lh"文字样式；"注释性"选择默认；"文字高度"已经由文字样式确定为350；"旋转"用来确定属性文字的旋转角度，有特殊需要时要设置旋转角度，一般不使用。

⑤在上一个属性定义下对齐：将多个属性自动对齐。

设置完成后，如图5-1-12所示，回车确认。

注意：属性标记必须输入且字符之间不能有空格。执行相同操作去完成对绿色大树图块树高和胸径的属性定义，这时我们选择"在上一个属性定义下对齐"，定义树高的对话框如图5-1-13所示，操作完成后如图5-1-14（a）所示。同理完成对紫色小树的属性定义，我们定义小树属性为冠幅 1.2 ~ 1.5 m，树高 1.8 ~ 2.5 m，如图5-1-14（b）所示。

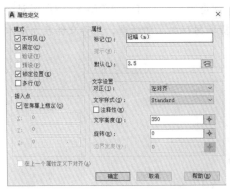

图5-1-12

图5-1-13

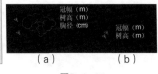

（a）　　　　（b）

图5-1-14

（2）带固定属性块的定义。

可定义为内部块或者外部块，方法一致。

（3）带固定属性块的插入。

方法同插入块。

（4）属性的编辑及可见性控制，命令为battman。

有时候我们需要修改块的属性值来改变属性的显示。

输入命令：battman，单击回车键确认后弹出"块属性管理器"对话框，如图5-1-15所示。

① "选择块"：命令激活后可在绘图屏幕中直接拾取我们要编辑的块。

② 选择所有块，块的属性就显示在"块属性管理器"对话框，可修改任意选中图形，点击"编辑"，弹出"编辑属性"对话框，然后根据需要进行修改，将图5-1-11中所有树块的属性都修改为可见回车确认，回到"块属性管理器"，单击"确定"按钮。这时回到绘图窗口会发现块的属性已经显示出来。同理修改所有块的所有属性，完成属性修改。修改后的显示效果如图5-1-16所示。

图5-1-15

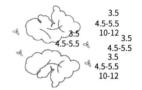

图5-1-16

注意：在绘图时有些块会大量使用，如果全部属性都显示出来，画面会显得很乱，所以我们一般选择不可见，特殊需要时再修改为可见。

（5）提取和处理块属性。

块的属性有很多，在实际工作中经常需要把块的某些属性提取出来，归纳总结为直观的文字表格。比较典型的例子就是在园林建筑设计中统计苗木数量和生成苗木表。下面就应用属性提取将图5-1-11中的树木数量统计并生成苗木表。

① 输入命令dataextraction，也可在下拉菜单中单击"工具"—"数据提取"，打开如图5-1-17所示对话框，选择"创建新数据提取"。单击"下一步"按钮，弹出"将数据提取另存为"对话框，另存文件名为苗木表，文件类型为*.dxe，选择保存。

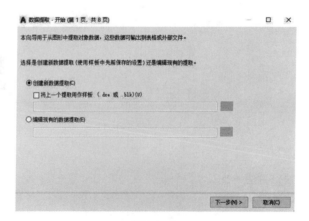

图5-1-17

②在"数据提取-定义数据源"对话框中，可根据需要对提取对象进行选择。对象可以是当前图形也可以是其中的某部分。我们选择当前图形，然后单击"设置"，选择对应选项，单击"确定"，进入"下一步"，如图5-1-18、图5-1-19所示。

图5-1-18　　　　　　　　　　　　图5-1-19

③在如图5-1-20所示的"数据提取-选择对象"对话框中选择对应选项，进入"下一步"。

④如图5-1-21所示，在右边"类别过滤器"中勾选相应属性，进入"下一步"。

图5-1-20　　　　　　　　　　　　图5-1-21

⑤如图5-1-22所示，进入"下一步"。

⑥如图5-1-23所示，进入"下一步"。

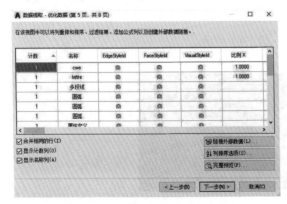

图5-1-22　　　　　　　　　　　　图5-1-23

⑦ 找到提取出来的苗木表，如图5–1–24所示。这是一个完整的苗木表，将“名称”修改为“树名”，“计数”修改为“数量”。

⑧ 在AutoCAD绘图文件中插入OLE方式的苗木表。打开刚才导出的苗木表，把表格区域选中复制到剪贴板，如图5–1–25所示，回到图5–1–11所在的绘图文件，同时按“Ctrl”和“V”键把剪贴板上的内容粘贴到绘图文件中。此时会弹出一个对话框，单击“确定”。

如图5–1–26所示，选中表格后点选四个控制点之一，调整表格到合适大小，移动表格到适当位置，并在表格上添加“苗木统计表”五个字。

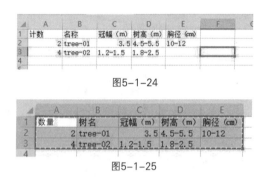

	A	B	C	D	E	F
1	计数	名称	冠幅（m）	树高（m）	胸径（cm）	
2	2	tree-01	3.5	4.5-5.5	10-12	
3	4	tree-02	1.2-1.5	1.8-2.5		
4						

图5–1–24

	A	B	C	D	E
1	数量	树名	冠幅（m）	树高（m）	胸径（cm）
2	2	tree-01	3.5	4.5-5.5	10-12
3	4	tree-02	1.2-1.5	1.8-2.5	
4					

图5–1–25

图5–1–26

2.带可变属性块的创建及应用

可变属性是块的另一种属性，在插入带可变属性的块时，需输入属性的值。例如，创建标高符号将标高值作为可变属性赋予标高图块。在插入块时，输入相对应的标高值。这种做法大大节省了我们在标高标注上所花的时间。下面就以创建标高块为例介绍创建带可变属性块的方法。

首先绘制标高符号。确定标高块的属性为标高值，建立属性文本的文字样式“fs”，如图5–1–27所示。

（1）定义属性。

同固定属性定义。

① 模式为可见，且属性值为变化的，故“不可见”“固定”选项不勾选。

② 属性：在“标记”文本框输入“标高”；在“提示”文本框输入“输入标高值：”；在“默认”文本框输入“0.000”。

③ 插入点勾选“在屏幕上指定”。

④ 文字勾选“设置”：对正选择“右对齐”，“文字样式”选择“fs”；“文字高度”为“540”；“旋转”设置为“0”。

单击回车键确认，完成属性标高值的定义，如图5–1–27（a）所示。

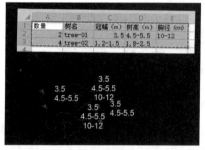

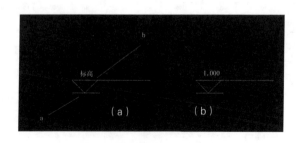

图5–1–27

（2）定义带可变属性的块。

方法同定义带固定属性的块。插入点应捕捉图5-1-27中的a点，块定义如图5-1-29所示。

在命令行输入"i"单击回车键，打开"插入"对话框，选择要插入的块，其设置如图5-1-30所示，单击回车键确认，光标位置出现一个标高符号，指定标高的位置，将光标移动到标高要插入的位置，单击鼠标左键。输入标高值：1.000，单击回车键完成，如图5-1-27（b）所示。

图5-1-29　　　　　　　　　　　　　　　　　图5-1-30

四、沿线插入块

前面我们已经介绍了块的插入，但是如果沿着曲线去插入块的话工作量很大，也很复杂，而设计中又经常遇到这样的情况，如室内设计的天花布灯、园林建筑设计中曲路两边的行道树等。下面就以园林中曲路的行道树种植为例介绍一下沿线插入块的快捷方法。

① 绘制如图5-1-31所示的样条曲线。

② 使用"定数等分"命令，快捷键为div，单击回车键确认。

③ 选择样条曲线，在命令行输入"b"，单击回车键确认，然后输入要插入块的名称"雪松"并单击回车键，再输入"Y"并单击回车键。

④ 输入"14"并单击回车键，如图5-1-32所示，就会有13棵雪松被种植在路边。

⑤ 另一条线同法绘制，如图5-1-33所示。

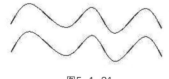

图5-1-31　　　　　　　　　　图5-1-32　　　　　　　　　　图5-1-33

五、块及其数量统计的快速选择

有时我们需要统计某一块的数量，如对园林中同一种树木的统计。我们可以使用快速选择命令统计任一树木的数量。

① 选择要统计区域中或全图的所有对象。

② 单击"工具"—"快速选择（K）"，或输入qselect命令并单击
回车键确认，弹出如图5-1-34所示对话框。

A."应用到"设置为"选择区域"或"整个图形"。

B."对象类型"设置为"所有图元"。

C."特性"设置为"颜色"。

D."运算符"设置为"=等于"。

E."值"设置为要选择图形图像的名称。

③ 单击回车键确认。

图5-1-34

任务二　距离和面积测量

一、测量距离

如图5-2-1所示，测量A点与B点之间的距离，快捷键为D，命令确认后在屏幕上捕捉点A，然后捕捉点B。
命令行显示：距离=359.2855，XY平面中的倾角=43，与XY平面的夹角=0，X增量=264.2301，Y增量=243.4513，
Z增量=0.0000。

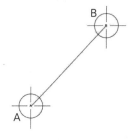

图5-2-1

二、面积测量

下面就以图5-2-2所示阴影部分的面积测量为例介绍一下如何计算面积。

使用减法原则，先将外轮廓围合的面积相加，再去掉内部空白区域的面积。具体步骤如下。

① 选择"工具"—"查询"—"面积"或输入area命令激活后单击鼠标右键，如图5-2-3所示选择"增加
面积（A）"，再次单击右键，如图5-2-4所示，选择"对象（O）"，然后点选屏幕左侧图形外边的方形和右
侧图形外层闭合样条曲线，右键确认。

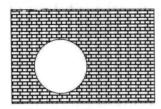

图5-2-2

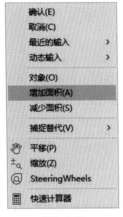

图5-2-3　　　　　　　　图5-2-4

② 鼠标单击右键，选择"减少面积（S）"，再次点击右键，选择"对象（O）"，然后点选左侧内圆和右侧样条曲线内部空白的小闭合样条曲线和小圆，右击确认。

③ 鼠标单击右键，选择"确定"，面积查询结束。

④ 点击键盘"F2"键，调出窗口查看命令的执行过程及每一步的面积测量结果，如图5-2-5所示。

```
拾取内部点或 [选择对象(S)/放弃(U)/设置(T)]:
命令: *取消*
命令: AREA
指定第一个角点或 [对象(O)/增加面积(A)/减少面积(S)] <对象(O)>: *取消*
命令: 正在重生成模型。
AREA
指定第一个角点或 [对象(O)/增加面积(A)/减少面积(S)] <对象(O)>:
指定下一个点或 [圆弧(A)/长度(L)/放弃(U)]:
指定下一个点或 [圆弧(A)/长度(L)/放弃(U)]:
指定下一个点或 [圆弧(A)/长度(L)/放弃(U)/总计(T)] <总计>: *取消*
自动保存到 C:\Users\袁澈\AppData\Local\Temp\Drawing1_1_6829_e602644a.sv$ ...
命令:
命令: AREA
指定第一个角点或 [对象(O)/增加面积(A)/减少面积(S)] <对象(O)>:
指定下一个点或 [圆弧(A)/长度(L)/放弃(U)]:
指定下一个点或 [圆弧(A)/长度(L)/放弃(U)]:
指定下一个点或 [圆弧(A)/长度(L)/放弃(U)/总计(T)] <总计>:
指定下一个点或 [圆弧(A)/长度(L)/放弃(U)/总计(T)] <总计>:
区域 = 556336598.0343, 周长 = 96686.1170
```

图5-2-5

项目六　文字与标注的使用

任务一　文字与文字样式

文字是环境艺术设计图纸内容的组成部分之一，设计图中的文字有标题、说明文字、标签文字和尺寸数字等。

一、文字样式

景观设计和室内设计图纸上的汉字、数字、字母及符号必须按照国家制图标准的要求进行书写。文字的高度可按照不同比例图纸要求来制定，文字宽度与文字高度的比例是2∶3，文字的字体为长仿宋体。在标注图名和比例时，若使用A0、A1、A2图纸出图，其图名的字高为7 mm，比例及英文图名字高为4 mm；若使用A3、A4图纸出图，其图名的字高为5 mm，比例及英文图名字高为3 mm。在AutoCAD室内装饰设计标高中，其标高的数字字高为2.5 mm（在A0、A1、A2图纸）或字高为2 mm（在A3、A4图纸）。尺寸标注中的字高同标高数字尺寸。

在输入文字之前，需确定文字的字体、字高和字宽。文字的这些参数可在文字样式中进行设置。AutoCAD的默认文字样式名为Standard，需要建立新的文字样式，用于在景观设计图中输入文字。

启动文字样式命令的方法如下：

▲单击菜单"格式"—"文字样式"。

▲工具栏：单击文字工具栏 A, Standard ▼中 A,。

▲快捷键：同时按"Alt""O"和"S"键。

用以上3种方法中的任意一种，都会弹出如图6-1-1所示的"文字样式"对话框，对话框中显示的是当前文字样式名为"Standard"的字体参数设置。

图6-1-1

① 在"文字样式"对话框中点击右侧"新建"按钮，输入要新建的文字样式的名称，这里以"景观文字"为例，输入"景观文字"，如图6-1-2所示，单击"确定"按钮，回到"文字样式"对话框。

② 在"字体样式"对话框中设置字体参数，如图6-1-3所示。

A.字体。景观设计图中使用的文字字体为长仿宋体，AutoCAD提供了这种字体。在AutoCAD提供的国际标准字库中汉字字体和英文数字字体是不同的，汉字字体为gbcbig.shx，英文字体gbenor.shx，英文斜体为gbeitc.shx。勾选"使用大字体"选项，"字体名"变为"SHX字体"，"字体样式"变成"大字体"。如果英文数字字体使用直体，在"SHX字体"下拉列表中选择字体gbenor.shx；如果英文数字字体使用斜体，选择字体gbeitc.shx。这里选择字体bigfont.shx。在"大字体"下拉列表中选择汉字字体gbcbig.shx。（AutoCAD软件默认大字体为：gbcbig.shx）。

图6-1-2　　　　　　　　　　　　　　　　　图6-1-3

B.高度。在"高度"输入框中输入所要文字的高度值。在绘图过程中，文字的高度值与所输入图形的单位和图纸比例有关，可以根据AutoCAD中图纸的单位与绘图比例来确定文字的高度。一般情况下我们在输入文字的时候可直接调整文字的高度，此处使用默认值0。

C.在"效果"区设置字体的特殊效果。不同的设置会使得字体在左侧的预览框中出现不同的效果。这里按其默认设置，不做改动。

③ 名为"景观文字"的文字样式的各项参数已经设置完成，单击"应用"按钮确认设置，单击"关闭"按钮，关闭对话框。

二、输入和编辑单行文字

1.输入单行文字

输入单行文字命令是最简单的文字输入和编辑格式。可以逐一输入单行文字，也可以利用回车键输入多行。下面以图6-1-4中的文字为例，讲解输入单行文字的操作过程。

启动输入单行文字命令的方法如下。

▲下拉菜单：单击"绘图"—"文字"—"单行文字"。

▲快捷键：dt↙。

用上述 2 种方法中的任意一种，AutoCAD命令行都会显示如下提示：

TEXT
　　当前文字样式："wenzi"文字高度：3
　　指定文字的起点或[对正（J）/样式（S）]：（在屏幕任意位置拾取点作为文字的起点）
　　指定高度<2.5000>：3.0✓（文字样式中字高设置为0，所以这里提示输入文字高度）
　　指定文字的旋转角度<0>：✓（文字不旋转角度，使用默认值0，直接回车，屏幕上出现闪烁的"I"形符号）
　　输入文字：景观计算机制图设计（键盘输入汉字）
　　输入文字：AutoCAD for Landscape Design（键盘输入英文）
　　输入文字：Ctrl+回车（结束命令，图6-1-4中的文字输入完成）

图6-1-4

　　提示：在输入文字的过程中，若想改变文字的位置，只要将光标移到新的位置，单击左键并输入文字即可。在输入表格文字时使用该方法非常方便。启动单行文字命令后，命令行提示中还有2个选项。

　　（1）样式（S）。

　　选择该选项可以更改当前文字样式。

　　（2）对正（J）。

　　该选项用于设定文字的对正方式。执行该选项时会提示：

输入选项
　　[对齐（A）/调整（F）/中心（C）/中间（M）/右（R）/左上（TL）/中上（TC）/右上（TR）/左中（ML）/正中（MC）/右中（MR）/左下（BL）/中下（BC）/右下（BR）]：

图6-1-5

　　以上共有14种文字对正方式，以输入图6-1-5中的文字为例说明文字对正方式。

　　在输入文字之前，先用直线命令绘制如图6-1-5所示的6条直线，每条直线之间的间距为5mm，直线长度为35mm。

　　① 左对齐：指定一点作为文字行基线的起点。输入第一行文字，具体操作如下。

命令：dt✓
TEXT
　　当前文字样式："wenzi"文字高度：3.0000
　　指定文字的起点或[对正（J）/样式（S）]：（捕捉第一条直线的左端点作为文字的起点，这个起点是输入文字的第一个字的左下角点）
　　指定高度<3.0000>：✓（文字高度为3.0，采用默认值）
　　指定文字的旋转角度<0>：✓
　　输入文字：景观计算机制图设计✓
　　输入文字：Ctrl+回车（结束命令，完成第一行文字输入）

说明：此处左对齐命令表示输入的文字从起点开始向右排列。

② 对齐：指定文字行基线的起点位置与终点位置，不改变文字高宽比，使输入的文字均匀分布在指定的这两点之间。输入第二行文字，具体操作如下。

按空格键重复命令。

> 命令：TEXT
> 当前文字样式："wenzi"文字高度：3.0000
> 指定文字的起点或[对正（J）/样式（S）]：J✓（选择"对正"选项）
> 输入选项
> [对齐（A）/调整（F）/中心（C）中间（M）/右（R）/左上（TL）/中上（TC）/右上（TR）/左中（ML）/右中（MR）/左下（BL）/中下（BC）/右下（BR）]：A✓（选择"对齐"方式）
> 指定文字基线的第一个端点：（捕捉第二条直线的左端点）
> 指定文字基线的第二个端点：（捕捉第二条直线的右端点）
> 输入文字：景观计算机制图设计✓
> 输入文字：Ctrl+回车

说明：此处对齐命令表示输入的文字按照比例均匀地布置在直线范围之内。

③ 调整：调整文字行基线的起点位置和终点位置，不改变文字的字高，使输入的文字均匀分布在指定的这两点之间。

说明：此处调整命令表示输入的文字均匀地排列在设定的两点之间。

④ 中心：指定一个点作为文字行基线的中点。

说明：此处中心命令表示输入的文字以指定点为水平中心点左右对称分布。

⑤ 中间：指定一点作为文字行垂直和水平方向的中点。

⑥ 右：指定一点作为文字行基线的终点。

在此，对调整、中心、中间、右等对正样式的调整不一一讲述，其操作与对齐、左对齐相似，只是对正的命令不同。

2.输入特殊文字或字符

在景观的计算机制图过程中经常需要输入一些特殊字符，而这些字符不能从键盘上直接输入，如"°""φ""±"。AutoCAD提供了一些控制码来解决这一问题。

控制码一般由两个百分号（％％）和一个字母组成。输入控制码后可以得到相应的字符。

① ％％u：输入该控制码，可以在文字下面添加下画线，如<u>景观</u>。

② ％％d：输入该控制码，可以在文字中添加角度符号"°"，如30°。

③ ％％p：输入该控制码，可以在文字中添加"±"符号，如±0.000。

> 命令：dt✓（输入单行文字命令）
> TEXT
> 当前文字样式："wenzi"文字高度：3.0000
> 指定文字的起点或[对正（J）/样式（S）]：（在屏幕上拾取一点）
> 指定高度<3.0000>：✓
> 指定文字的旋转角度<0>：✓
> 输入文字：％％u景观✓
> 输入文字：30％％d✓
> 输入文字：％％p0.000✓
> 输入文字：％％c5✓
> 输入文字：Ctrl+回车（回车结束命令，完成文字输入）

④ %%c：输入该控制码，可以在文字中添加直径符号"φ"，如φ5。

输入控制码时，控制码临时显示在屏幕上，当结束输入命令后，控制码从屏幕上消失，显示相应的符号。

3.编辑与修改单行文字

如果文字内容有错误，需要修改。修改文字的方法比较简单。将光标移动到要修改的文字上，双击左键，将要修改的文字选中，用键盘输入新的文字，文字输入完成后按"Ctrl"和"Enter"键，完成文字的编辑与修改。在一张图纸中，有时不仅要修改文字内容，还要对文字样式、插入点、对齐方式、字高等各种设置进行修改，这些方面的修改可在"特性"对话框中进行。选中要修改的文字，点击鼠标右键，在右键菜单最下方点击特性，打开如图6-1-6所示的"特性"对话框。在文字选项中可以修改文字的内容、样式等内容。

三、输入和编辑多行文字

1.输入多行文字

启动输入多行文字命令的方法如下。

在命令行输入T↙

图6-1-6

输入命令后，AutoCAD命令行将会出现提示"指定第一角点"，单击左键，会出现文字输入框，多行文字的输入要在输入框内完成；命令提示行会出现"指定对角点"的提示，此时需指定这个文字框的另一个对角点，在需要输入文字的地方拾取一点，再移动鼠标就会出现如图6-1-7所示的拖动框。单击左键，就打开如图6-1-8所示的"文字编辑器"对话框。这个编辑器由"样式""格式""段落"等组成。

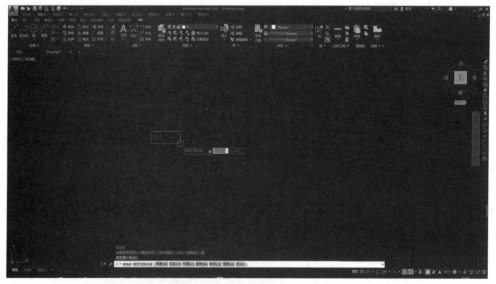

图6-1-7

图6-1-8

在列表中选择一个文字样式。在文字框中输入文字，汉字和数字可直接使用键盘输入。对于度数、正负号、直径符号等字符的输入，需要另外的操作，如30°，在边框中输入30，单击右键或单击文字输入框标题栏右侧的 🔽，会弹出如图6-1-9所示的右键菜单，选择"符号"—"度数"，输入度数符号，或直接输入%%d即可。其他符号的输入方法与其相同。

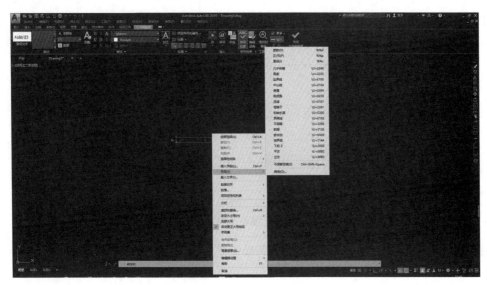

图6-1-9

输入带下画线的文字，如<u>景观</u>，先输入汉字"景观"，再将文字选中，单击"文字格式"工具栏图标 U 即可。如果更改文字的字体，先将文字选中，再单击"字体样式"右侧的箭头，从下拉菜单中选择所需要的字体即可。如果更改文字的高度，同样要将文字选中，再在字体"高度"输入框中输入高度。文字输入完，单击"确定"完成多行文字输入。

2.编辑多行文字

编辑多行文字的方法与编辑单行文字的方法相同，双击多行文字，打开"多行文字编辑器"对话框，可以对文字进行编辑、修改，完成后单击"确定"（或同时按"Ctrl"和回车键）。

任务二　尺寸标注

当图形绘制完成后，需要对图形的各个尺寸进行标注。AutoCAD提供了一套完整的尺寸标注系统，可以标注图形中的各种尺寸，如线性尺寸、直径、半径、角度。如图6-2-1所示，AutoCAD自动测量对象大小，并按预先设定的样式进行各种尺寸的标注。

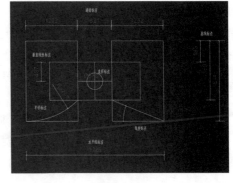

图6-2-1

在进行尺寸标注之前,要建立一个单独的图层为标注所用,使之与其他内容分开,还要建立符合园林制图标准的标注样式,然后使用尺寸标注命令进行标注。

一、尺寸标注样式

1.尺寸标注的组成

尺寸标注必须按照国家制图标准进行。图样上的尺寸标注由尺寸界线、尺寸线、尺寸起止符号和尺寸数字等内容组成,如图6-2-2所示。

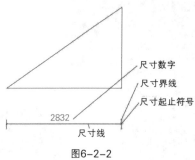

图6-2-2

① 尺寸界线:表示图形尺寸范围的界线,用细实线绘制,与所标注的轮廓线相垂直,其一端离开轮廓线的距离不小于2 mm,另一端超出尺寸线2~3 mm。

② 尺寸线:表示图形尺寸设置方向的线,用细实线绘制,与所标注的轮廓线平行,且不宜超出尺寸界线。尺寸线与最外轮廓线之间的距离不宜小于10 mm,平行排列的尺寸线间离为7~10 mm。

③ 尺寸起止符号:一般用中粗短斜线绘制。其倾斜方向与尺寸界线成顺时针45°角,长度为2~3 mm。半径、直径、角度、弧长的尺寸起止符号用箭头表示,直线的尺寸起止符号用建筑标记的符号。

④ 尺寸数字:默认高度为2.5 mm,写在尺寸线上方中部,与尺寸线平行,角度数字一律水平注写。

2.建立尺寸标注样式

尺寸标注的式样、大小以及它们之间的相对位置,都可以在尺寸标注样式中设置。根据园林制图的要求创建尺寸标注样式,系统默认的标注样式为ISO-25,所有尺寸标注样式的创建都以国家标准为基础,即在ISO-25的基础上设置,该标注样式不能用于园林工程图的标注,可以为园林工程图建立一个专用尺寸标注样式,可将这些设置修改并保存为自己习惯的样板文件,以便绘制其他图形时使用。下面以园林图纸的绘制来说明需建立的标注样式及其设置。

启动尺寸标注样式命令的方法如下。

▲下拉菜单:单击"格式"—"标注样式"。

▲工具栏:单击样式工具栏 。

▲快捷键:D。

使用上述任意一种方法输入命令后,都会弹出如图6-2-3所示的"标注样式管理器"对话框。该对话框右侧有5个功能按钮,其含义分别如下。

① 置为当前(U):把在标注样式管理器左侧"样式"选择框中选定的标注样式设置为当前样式。

② 新建(N):打开"创建新标注样式"对话框,从中创建新的标注样式。

③ 修改(M):打开"修改标注样式"对话框,从中修改所选择的标注样式。

④ 替代(O):打开"替代标注样式"对话框,可以设置所选择标注样式的临时替代样式。

⑤ 比较(C):打开"比较标注样式"对话框,可以比较两个标注样式的特性或列出一种样式的所有特性。

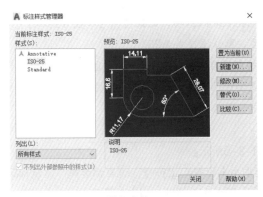

图6-2-3

二、景观标注样式

1.建立景观标注基础样式

尺寸标注有多种类型，如线性、角度、直径、弧长、对齐、坐标，这些类型的尺寸标注有相同的特性，也有不同的特性，对于共同的特性可以设置在基础样式中，对于不同的特性则需单独设置。

在"标注样式管理器"对话框中，单击"新建"按钮，弹出如图6-2-4所示的"创建新标注样式"对话框。在"新样式名"文本输入框中输入一个新名称，如"景观标注"；"基础样式"为默认样式"ISO-25"，表示新样式在这个样式的基础上修改；用于选择所有标注，表示"景观标注"适用的范围为所有标注。单击"继续"按钮，弹出如图6-2-5所示的"新建标注样式：景观标注"对话框。该对话框中有 7 个选项，下面介绍各选项的设置。

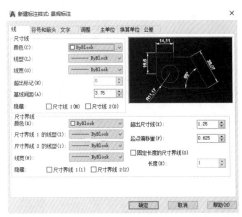

图6-2-4　　　　　　　　　　　　　　图6-2-5

（1）线选项。

在此对话框中可以设置尺寸线、尺寸界线的式样。随着参数的设置，右侧预览框中会显示相应的式样参考图以供参考。

① 尺寸线。颜色、线型和线宽使用默认的ByBlock选项，如果将标注单独分到一个图层上，则选用ByLayer。超出标记是指尺寸线超过尺寸界线的长度，该选项对某些箭头形式是无效的。隐藏后面有两个选项，尺寸线 1 和尺寸线 2，如果选中尺寸线 1，则尺寸标注左侧的起止符号和与之相连的尺寸线不显示；如果选中尺寸线 2，则尺寸标注右侧的起止符号和与之相连的尺寸线不显示；如果同时选中这两个选项，则两个起止符号和整条尺寸线都不显示，但仍然显示尺寸界线，在使用中两者都不隐藏，保持默认设置。

② 尺寸界线。颜色使用默认的ByBlock选项，如果将标注单独分到一个图层上，则选用ByLayer。超出尺寸线是指尺寸界线伸出尺寸线的长度，默认设置为1.25。

尺寸界线1与尺寸界线2的线型设置为默认的ByBlock，固定长度的尺寸界线是指给尺寸界线一个长度数值的限定，一般不使用。起点偏移量是指尺寸界线离开图形轮廓线的距离，这里设置为0.625。隐藏后面的两个选项的含义与尺寸线的相似，在这里都不选中。

（2）符号和箭头选项。

符号和箭头选项的设置如图6-2-6所示。

① 箭头。第一个和第二个选项用来设置起止符号，这里都选择"建筑标记"。制图标准中引线是没有箭头的，所以在引线这项中选择"无"，箭头大小按默认值2.5设置。

② 圆心标记。类型中有三个选项，"无"表示没有圆心标记，"标记"表示标注圆心标记，"直线"表示标注中心线。这里选择"标记"。

③ 折断标注。"折断大小"表示折断符号的大小。

④ 弧长符号。选项中有三个，"标注文字的前缀"表示弧长符号在标注文字的前面显示，"标注文字的上方"表示弧长符号在标注文字的上面显示，"无"表示没有弧长符号。

⑤ 半径折弯标注。它表示的是半径的折弯角度，一般选用45°。

⑥ 线性折弯标注。该选项中的折弯高度因子表示折弯与高度的比例。

图6-2-6

（3）文字选项。

在该选项中可以设置文字外观、文字位置、文字对齐等。

① 文字外观。文字外观用来设置尺寸数字使用的文字样式。在建立新标注样式之前就应该创建用于尺寸数字的文字样式，如果没有创建，也可以单击文字样式后面的按钮，打开文字样式对话框，建立新的文字样式。这里已经建立了名为"wenzi"的文字样式，选中该文字样式。文字颜色的设置与尺寸线的设置相同。

文字高度，必须注意的是当所选的文字样式中字高设置为0时，这里输入的字高才有效，如果文字样式中已经设置了字高，则这里输入的文字的字高是无效的。分数高度比例是指分子与分母的大小比例，一般默认为1。绘制文字边框在选中的情况下会将标注文字限定在一个矩形的方框内，此处不做选择。

② 文字位置。"垂直"是指尺寸数字和尺寸线在竖向上的位置关系，有"居中""上""外部""JIS"和

"下"五个选项，按制图标准，应选择"上"。"水平"是指尺寸数字和尺寸线在水平方向上的位置关系。有五个选项，应选择"居中"。从尺寸线偏移是指设置尺寸数字和尺寸线之间的距离，这里为0.625，文字位置选项保留默认的国家标准设置。

③ 文字对齐。文字对齐下有三个类型：水平、与尺寸线对齐、ISO标准。按制图标准，选择"与尺寸线对齐"。文字选项的设置如图6-2-7所示。

（4）调整选项。

该选项用于调整特殊情况下的尺寸标注特征。

① 调整选项。其用于控制基于尺寸界线之间可用空间的文字和箭头的位置。这里选"文字或箭头（最佳效果）"选项。

② 文字位置。设置尺寸数字不在默认位置时的位置。这里选"尺寸线旁边"选项。

③ 标注特征比例。用来设置全局标注比例或图纸空间比例。有两个选项，一个是使用全局比例，是指为所有标注样式设置一个比例。这些设置是指尺寸线、尺寸界线、尺寸数字以及尺寸起止符号的式样、大小以及它们之间的相对位置，也就是样式选项中的各项设置。这个比例为图形打印输出的比例，如平面图打印比例为1∶100，全局比例可设置为100。该缩放比例并不更改标注的测量值。通常选用该项，这里选中该项，比例设置为100，表示该图按比例1∶100打印。

另一个是将标注缩放到布局，是指根据当前模型空间视口和图纸空间之间的比例确定比例因子（一般情况下不要设置为使用全局比例）。

④ 优化。对其他的一些内容进行调整以达到更好的效果。这里选"在尺寸界线之间绘制尺寸线"。"调整"选项的设置如图6-2-8所示。

图6-2-7

图6-2-8

（5）主单位选项。

该选项用于设置尺寸标注的单位格式、精度、测量比例等。

① 线性标注。设置线性标注的单位格式和精度。单位格式：选择"小数"；精度：一般园林制图是以毫米为单位绘制的，精度选择"0"；小数分隔符：选择"句点"；舍入：选择"0"；前缀：在尺寸数字前加前缀，这里不加前缀；后缀：在尺寸数字后加后缀，这里不加后缀。

② 测量单位比例。比例因子：设置线性标注测量值的比例因子，使用1∶1的比例绘制图形，所以这里设置为1；仅应用到布局标注：仅对在布局中创建的标注应用线性比例值，不选中该项。

③ 消零：不选中任何项。

④ 角度标注。设置角度标注的当前角度格式。单位格式：选择"十进制度数"；精度：选择"0"。"主单位"选项的设置如图6-2-9所示。

换算单位选项和公差选项都不需设置。单击"确定"按钮，回到"标注样式管理器"对话框。单击"关闭"按钮，关闭对话框，这样就完成了新标注样式"景观标注"的设置。

图6-2-9

2.建立景观标注子样式

各种尺寸标注类型（如线性、角度、直径）有不同的特性，可以将这些不同的特性设置在基础样式的子样式中。使用子样式可以对基础样式中的某些标注类型进行修改。

对已经创建好的景观标注可以标注直径和半径尺寸及圆的中心线，对于线性、角度尺寸还需建立与其匹配的子样式。

（1）建立线性子样式。

建立线性子样式的方法与建立园林标注样式相同。在"创建新标注样式"对话框中，基础样式选择"景观标注"，用于选择"线性标注"，新样式名中自动显示"副本 景观标注"，如图6-2-10所示。在"新建标注样式"对话框中，只需对"符号和箭头"选项中的箭头选项进行重新设置，在"第一个"和"第二个"选项中选择"建筑标记"，其他所有设置都不需要改动。

（2）建立角度子样式。

建立角度子样式的方法与上述相同，在"创建新标注样式"对话框中，基础样式选择"景观标注"，用于选择"角度标注"，新样式名中自动显示"景观标注：角度"。在"新建标注样式"对话框中，只需对"文字"选项进行重新设置，在"垂直"选项中选择"外部"，文字对齐选择"水平"，其他所有设置都不需要改动，如图6-2-11所示。

如还需建立其他样式的子标注，设置方法同上。可以将设置的标注样式保存在样板文件中，以供其他图形文件使用。如果图形的比例不同，需修改基础样式"景观标注"中的全局比例，修改的方法是将"标注样式管理器"对话框打开，选中"景观标注"，点击"修改"选项。打开"修改标注样式"对话框，此对话框中的选项与"新建标注样式"对话框中的相同，选中"调整"选项，按图形比例修改全局比例值。如果要修改标注样式中的其他设置，方法相同。要注意的是全局比例只是将标注的大小改变而图形不会跟随其改变。如果同一绘图文件中有不同打印输出比例的图形，就要设置多个尺寸标注样式，这些标注样式中的全局比例不同，其他设置方法相同。

图6-2-10

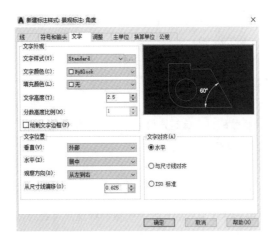

图6-2-11

三、标注命令的使用

标注工具栏在绘图界面上，一般在打开AutoCAD经典界面的时候就已经出现在工具栏上。在标注尺寸之前，需将尺寸所使用的标注样式设置为当前样式，方法是打开"标注样式管理器"对话框（命令快捷键D）选中所用标注样式，选择"置为当前"选项。

1.标注线性尺寸

线性尺寸标注是指标注线性方面的尺寸，它又分为线性标注、水平标注、基线标注、连续标注、对齐标注等类型。

（1）线性标注命令。

该命令用于标注水平尺寸、竖直尺寸和旋转尺寸。

启动线性标注命令的方法如下：

在命令行输入Dimlinear或DLI，或同时按"Alt""N"和"L"键。

如图6-2-12所示，图中的水平线性尺寸和垂直线性尺寸都已标注，以此说明线性标注命令的具体操作过程。

① 水平尺寸标注。

单击工具栏"线性"图标 ，启动命令，命令行提示：

> 命令：_dimlinear
> 指定第一条尺寸界线原点或<选择对象>：
> 指定第二条尺寸界线原点：（根据所要图中显示的尺寸端点位置捕捉所需端点）
> 指定尺寸线位置或[多行文字（M）/文字（T）/角度（A）/水平（H）/垂直（V）/旋转（R）]：（向上移动鼠标到合适位置单击，确定尺寸线位置同时结束命令）
> 标注文字=3285（AutoCAD自动测量的尺寸数字）

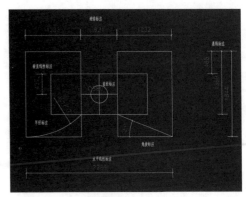

图6-2-12

101 •

② 竖直尺寸标注。

单击工具栏"线性"图标 ⊟，启动命令，命令行提示：

命令：_dimlinear

指定第一条尺寸界线原点或<选择对象>：

指定第二条尺寸界线原点：

指定尺寸线位置或[多行文字（M）/文字（T）/角度（A）/水平（H）/垂直（V）/旋转（R）]：（向左移动鼠标到合适位置单击，确定尺寸线位置同时结束命令）

标注文字=437

（2）对齐标注命令。

该命令用于标注斜线的尺寸，生成的标注尺寸线与所标注的线平行。

启动对齐标注命令的方法如下：在命令行输入Dimaligned，或同时按"Alt""N"和"G"键。

（3）基线标注命令。

基线标注是自同一基线处测量的多个标注。该标注将指定的尺寸线或前一个尺寸标注的第一个尺寸界线作为自己的第一条尺寸界线，并且尺寸线与上一个尺寸标注的尺寸线平行，两条尺寸线之间的距离已在该尺寸标注样式中指定。在执行该命令操作之前，应先标注出一个尺寸，把该尺寸的第一个尺寸界线作为基线。

启动基线标注命令的方法如下：在命令行输入Dimbaseline，或同时按"Alt""N"和"B"键。

以标注图6-2-12中的基线尺寸为例说明基线标注命令的具体操作过程。

① 标注第一条线性尺寸。单击工具栏"线性"图标 ⊟，启动命令，命令行提示：

命令：_dimlinear

指定第一条尺寸界线原点或<选择对象>：

指定第二条尺寸界线原点：

指定尺寸线位置或[多行文字（M）/文字（T）/角度（A）/水平（H）/垂直（V）/旋转（R）]：

标注文字=485

② 使用基线标注命令标注另两条尺寸。单击"标注"—"基线"，启动命令，命令行提示：

命令：_dimcontinue

指定第二条尺寸界线原点或[放弃（U）/选择（S）]<选择>：

标注文字=1359

指定第二条尺寸界线原点或[放弃（U）/选择（S）]<选择>：

标注文字=1844

指定第二条尺寸界线原点或[放弃（U）/选择（S）]<选择>：✓（结束指定原点）

选择连续标注：✓（回车结束命令）

（4）连续标注命令。

连续标注是指首尾相连的多个标注。在进行连续标注之前，必须先标注出一个相应的尺寸。

在命令行输入Dimcontinue，或同时按"Alt""N"和"C"键。

以标注图6-2-12中连续尺寸为例说明连续标注命令的具体操作过程。

① 标注第一条线性尺寸，单击工具栏"线性"图标█，启动命令，命令行提示：

```
命令：_dimlinear
指定第一条尺寸界线原点或<选择对象>：
指定第二条尺寸界线原点：
指定尺寸线位置或[多行文字（M）/文字（T）/角度（A）/水平（H）/垂直（V）/旋转（R）]：
标注文字=1232
```

② 使用连续标注命令标注另两条尺寸。单击"标注"—"连续"，启动命令，命令行提示：

```
命令：_dimcontinue
指定第二条尺寸界线原点或[放弃（U）/选择（S）]<选择>：
标注文字=821
指定第二条尺寸界线原点或[放弃（U）/选择（S）]<选择>：
标注文字=1232
指定第二条尺寸界线原点或[放弃（U）/选择（S）]<选择>：↙（结束指定原点）
选择连续标注：↙（回车结束命令）
```

2.标注角度尺寸

角度标注命令用于测量两条直线或两个点之间的角度。启动角度标注命令的方法如下：

在命令行输入Dimangular或Dan，或同时按"Alt""N"和"A"键。

以标注图6-2-12中的角度尺寸为例说明角度标注命令的具体操作过程。

单击工具栏"角度"图标█，启动命令，命令行提示：

```
命令：_dimangular
选择圆弧、圆、直线或<指定顶点>：
选择第二条直线：
指定标注弧线位置或[多行文字（M）/文字（T）/角度（A）]：
标注文字=21（自动测量度数）
```

角度标注还可以标注圆弧的圆心角和圆的范围角。如果标注圆弧的圆心角，在命令行提示中选择圆弧线，再调整尺寸线到合适位置。如果标注圆的范围角，在命令行提示下，单击圆周上的范围起点，再根据提示单击圆周上的范围终点，最后调整尺寸线位置。

3.标注径向尺寸

径向尺寸包括直径尺寸和半径尺寸。

（1）直径标注命令。

该命令用于标注圆或圆弧的直径尺寸。

启动直径标注命令的方法如下：

在命令行输入Dimdiameter或DDI，或同时按"Alt""N"和"D"键。

以标注图6-2-12中的直径尺寸为例说明直径标注命令的具体操作过程。

单击工具栏"直径"图标◈，启动命令，命令行提示：

命令：_dimdiameter

选择圆弧或圆：（选择圆）

标注文字=380

指定尺寸线位置或[多行文字（M）/文字（T）/角度（A）]：（移动鼠标到合适位置单击，确定尺寸线位置，同时结束命令）

（2）半径标注命令。

该命令用于标注圆或圆弧的半径尺寸。

启动半径标注命令的方法如下：

在命令行输入Dimradius或DRA，或同时按"Alt""N"和"R"键。

以标注图6-2-12中的半径尺寸为例说明半径标注命令的具体操作过程。

单击工具栏"半径"图标◈，启动命令，命令行提示：

命令：_dimradius

选择圆弧或圆：（选择圆弧）标注文字=1797

指定尺寸线位置或[多行文字（M）/文字（T）/角度（A）]：（移动鼠标到合适位置单击，确定尺寸线位置，同时结束命令）

（3）标注中心线。

圆心标记命令可以绘制圆和圆弧的中心线。启动圆心标记命令的方法如下：

在命令行输入Dimcenter，或同时按"Alt""N"和"M"键。

以绘制图6-2-12中的圆中心线为例说明圆心标记命令的具体操作过程。

单击"标注"—"圆心标记"，启动命令，命令行提示：

命令：_dimcenter

选择圆弧或圆：（选择圆同时结束命令）

4.引线标注

快速引线命令用于创建引线和引线注释。引线对象通常包含箭头、引线和文字，制图标准要求的引线注释如图6-2-13所示，引线不带箭头。

以绘制图6-2-13中的引线注释为例说明快速引线命令的具体操作过程。

（a）　　　　　　（b）

图6-2-13

① 绘制图（a）。在命令行输入：

> 命令：qleader↙
> 指定第一个引线点或[设置（S）]<设置>：s↙

图6-2-14

"引线设置"对话框中有三个选项，在"引线和箭头"选项中，引线选中"直线"，点数应为3，箭头选择"无"，角度约束区中，第一段选择"任意角度"，第二段，也就是引线的第2、3点之间的线段，要保持水平，所以选择"90°"，各项设置如图6-2-14所示。在"注释"选项中，注释类型选择"多行文字"，"多行文字选项"不选任何项，"重复使用注释"选择"无"，各项设置如图6-2-15所示。在"附着"选项中，"文字在左边"和"文字在右边"都选择"最后一行中间"，各项设置如图6-2-16所示。单击"确定"按钮，退出对话框，完成设置。

图6-2-15

图6-2-16

命令行提示为：

> 指定第一个引线点或[设置（S）]<设置>：（屏幕上拾取一点作为A点）
> 指定下一点：（拾取B点）
> 指定下一点：（拾取C点）
> 输入注释文字的第一行<多行文字（M）>：景观文字↙
> 输入注释文字的下一行：↙（回车结束命令）

② 绘制图（b）。在命令行输入：

> 命令：qleader↙
> 指定第一个引线点或[设置（S）]<设置>：s↙（进行引线设置，只需更改"附着"选项，选中"最后一行加下画线（U）"，如图6-2-17所示）
> 指定第一个引线点或[设置（S）]<设置>：（屏幕上拾取一点作为A点）
> 指定下一点：（拾取B点）
> 指定下一点：（拾取C点）
> 输入注释文字的第一行<多行文字（M）>：景观文字↙
> 输入注释文字的下一行：↙（回车键命令结束）

图6-2-17

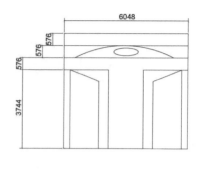

图6-2-18

5.快速标注

快速标注命令用于快速创建或编辑一系列标注，特别适合创建系列基线连续标注。

以绘制图6-2-18中的尺寸标注为例说明快速标注命令的具体操作过程。

① 单击"标注"—"快速标注"，或同时按"Alt""N"和"Q"键，启动命令，命令行提示：

命令：_qdim

选择要标注的几何图形，将所要标注的水平线选中，命令行提示：找到1个

选择要标注的几何图形：↙（回车结束选择对象）

指定尺寸线位置：（指定尺寸线位置为水平线的两个端点，同时结束命令）

② 连续标注垂直尺寸，单击标注工具栏，启动命令。命令行提示"命令：_qdim"。

此时连续标注已开启，指定尺寸线位置为捕捉垂直线与水平线的每个交点，单击左键，确定尺寸线位置，同时结束命令。

四、尺寸标注的编辑

1.标注编辑

编辑标注命令用于修改尺寸数字、旋转尺寸数字、倾斜尺寸界线、使移动或旋转过的尺寸数字返回默认状态。启动编辑标注命令的方法如下。

▲工具栏：单击标注工具栏图标 。

▲在命令行输入dimedit。

会弹出如下提示：输入标注编辑类型[默认（H）/新建（N）/旋转（R）/倾斜（O）]。根据不同的所需编辑内容进行编辑。

将图6-2-19（a）中的尺寸标注修改为图6-2-19（b）所示的形式，以此例说明编辑标注命令的具体操作过程。

① 将直径 φ1520修改为 φ1500，单击工具栏"标注样式"图标 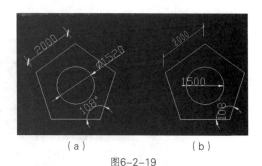，启动命令，命令行提示：

> 命令：_dimedit
> 输入标注编辑类型[默认（H）/新建（N）/旋转（R）/倾斜（O）]<默认>：n✓（选择选项"新建（N）"，是指修改尺寸数字，回车后，弹出如图6-2-20所示的"文字编辑器"工具栏）

（a）　　　　　　　　（b）

图6-2-19

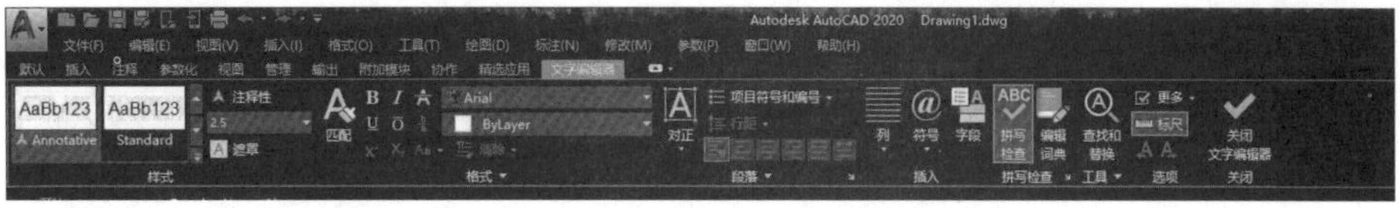

图6-2-20

在对话框中输入新的尺寸数字"1500"，单击"确定"按钮，退出对话框。命令行提示：

> 选择对象：（选择尺寸 φ1500）
> 选择对象：（空格键或单击右键结束命令）

② 将角度尺寸数字 108° 旋转 90°，单击标注工具栏图标，启动命令，命令行提示：

> 命令：_dimedit
> 输入标注编辑类型[默认（H）/新建（N）/旋转（R）/倾斜（O）]<默认>：r✓（选择旋转选项）
> 指定标注文字的角度：90✓
> 选择对象：选择角度尺寸108°
> 选择对象：（单击右键结束命令）

③ 将尺寸 2000 的尺寸界线旋转 90°，单击标注工具栏图标，启动命令，命令行提示：

> 命令：_dimedit
> 输入标注编辑类型[默认（H）/新建（N）/旋转（R）/倾斜（O）]<默认>：o✓（选择倾斜选项，倾斜尺寸界线）
> 选择对象：选择尺寸2000
> 选择对象：（单击右键结束选择对象）
> 输入倾斜角度（按Enter表示无）：90✓（输入倾斜角度，再按回车结束命令）

在标注编辑类型中还有一个选项"默认（H）"，它的功能是将移动及旋转过的尺寸数字返回默认状态。

2.编辑标注文字

该命令用于调整尺寸数字的位置。

启动编辑标注文字命令的方法如下：

在命令行输入dimtedit。

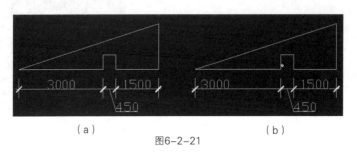

（a）   （b）

图6-2-21

将图6-2-21（a）中的尺寸修改为图6-2-21（b）所示的形式。以此例说明编辑标注文字命令的具体操作过程。将尺寸数字3000的位置移动到尺寸界线左侧对齐，命令行提示：

命令：dimtedit↙

选择标注：（选择尺寸数字3000）

指定标注文字的新位置或[左（L）/右（R）/中心（C）/默认（H）/角度（A）]：L↙（选择"左"选项，使尺寸数字沿尺寸线左对齐，回车结束命令）

命令行提示中的其他选项含义为：

① 右（R）：尺寸数字沿尺寸线右对齐。

② 中心（C）：尺寸数字沿尺寸线中心对齐。

③ 默认（H）：与上面介绍的功能相同。

④ 角度（A）：指定尺寸数字旋转的角度。

改动其他标注尺寸的方法与此例所讲述的方法相同。

3.更新尺寸标注

更新标注命令用于改变已标注尺寸的样式。先将尺寸更新的标注样式设置为当前样式，然后单击"标注更新"图标█或者在下拉菜单中单击"标注"—"更新"命令。命令行提示选择对象，在屏幕上选择需要修改标注样式的尺寸，单击右键结束选择对象，同时也结束命令。需要注意的是，更新标注命令是为了让已经完成的标注与更新后的标注样式相同，而不是更新其标注标准。

项目七 打印图纸

任务一 导出图片

建筑、环艺或者景观等专业的学习者经常要做平面效果图，要把AutoCAD的DWG文件导出JPG或者其他格式，并在Photoshop中打开，这就涉及虚拟打印这个工具。下面简单地介绍一下把AutoCAD图转换成JPG图片的几种方法。

一、输出

① 打开图纸，如图7-1-1所示。

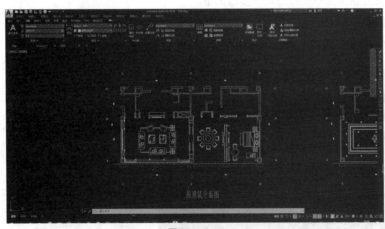

图7-1-1

② "文件"下拉菜单中，选择"输出"选项，如图7-1-2所示。

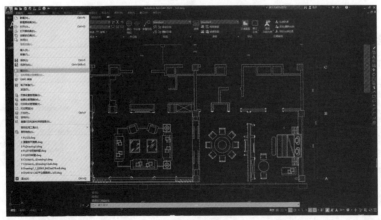

图7-1-2

③ 弹出"输出数据"对话框，如图7-1-3所示，选择"封装PS（*.eps）"格式。

这样就得到一个eps文件，在Photoshop中打开可以调节分辨率，如果打开后，仍然看不清，那么多复制几层即可。值得注意的是，在输出之前，应该让图纸充满整个AutoCAD画面。

图7-1-3

二、虚拟打印

在打印之前，首先应该添加一个打印机，步骤如下。

① 打开文件，如图7-1-4所示。

② "文件"下拉菜单中，选择"绘图仪管理器"，打开后如图7-1-5所示。

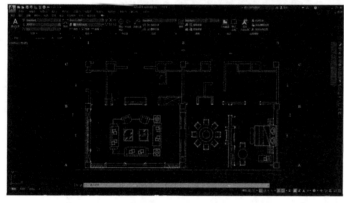

图7-1-4

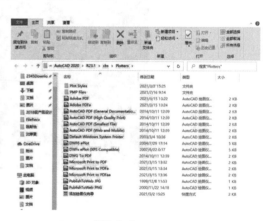

图7-1-5

③ 双击"添加绘图仪向导" ，如图7-1-6所示，点击"下一步"。

④ 如图7-1-7所示，点击"下一步"。

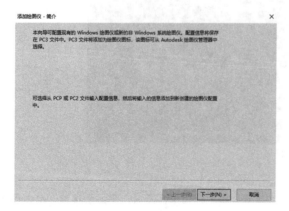

图7-1-6

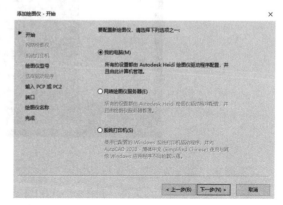

图7-1-7

⑤ 添加绘图仪型号时，如图7-1-8所示，生产商选择"光栅文件格式"，型号选择"TIFF Version 6（不压缩）"，点击"下一步"。

⑥ 如图7-1-9所示，点击"下一步"。

图7-1-8

图7-1-9

⑦ 如图7-1-10所示，点击"下一步"。

⑧ 如图7-1-11所示，绘图仪名称可以修改，一般用默认即可，点击"下一步"。

图7-1-10

图7-1-11

⑨ 如图7-1-12所示，可以点击"完成"，在打印时再调节图纸尺寸；也可以点击编辑绘图仪配置，预设一下图纸尺寸。

⑩ 点击编辑绘图仪配置之后，弹出对话框，如图7-1-13所示。

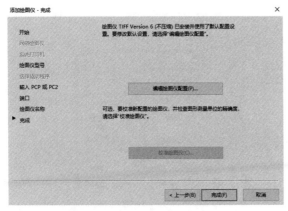

图7-1-12

图7-1-13

⑪ 点击"自定义图纸尺寸"，再点击"添加"按钮，弹出对话框，如图7-1-14所示。

⑫ 点击"下一步"，弹出对话框，如图7-1-15所示，把宽度改成8000，高度改成6000，这两个数值可根据图纸需要的分辨率自行设定。

图7-1-14

图7-1-15

⑬ 点击"下一步"，弹出如图7-1-16所示的对话框，名称一般采用默认即可，不用修改。

⑭ 点击"下一步"，如图7-1-17所示，文件名称也不用修改，默认即可。

图7-1-16

图7-1-17

⑮ 点击"下一步"，如图7-1-18所示，点击"完成"。"自定义图纸尺寸"中，多了一个用户1（8000×6000）的图纸，这样就可以继续操作了。如图7-1-19所示，点击"确定"。

图7-1-18

图7-1-19

⑯ 在对话框，如图7-1-20所示，点击"完成"，就完成了虚拟打印机的添加。接下来就可以把图纸打印成图片了。

⑰ 在"文件"下拉菜单点击"打印"命令，或同时按"Ctrl"和"P"键，如图7-1-21所示。

图7-1-20

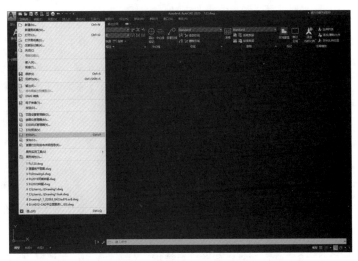

图7-1-21

⑱ 弹出对话框，如图7-1-22所示。

⑲ 选择打印机名称，如图7-1-23所示，选择添加的虚拟打印机：TIFF Version 6（不压缩），弹出对话框，如图7-1-24所示。

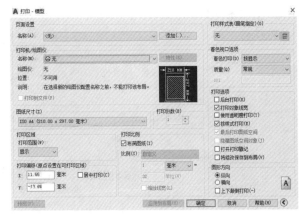

图7-1-22

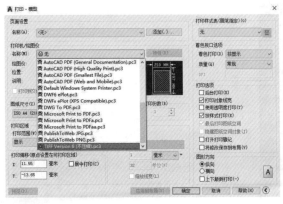

图7-1-23

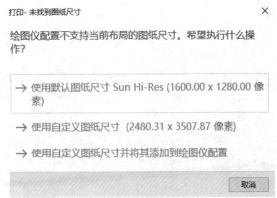

图7-1-24

⑳ 选择第三项之后，如图7-1-25，在图纸尺寸中，选择用户1（8000.00×6000.00像素），如果刚才添加打印机时没有调节图纸尺寸，可在这里点击特性按钮 特性(R)... ，重复刚才讲的添加图纸尺寸的过程。

㉑ 修改打印样式表，点击打印样式表向下箭头，选择monochrome.ctb，这个样式为黑白模式，打印出来的图纸只有黑、白两色，没有其他颜色。而acad.ctb为彩色模式，打印出来的图纸和画图时用的颜色一致。一般做平面效果，选择黑白打印，这时会弹出一个小对话框，选择"是"，如图7-1-26所示。

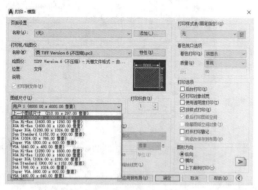
图7-1-25

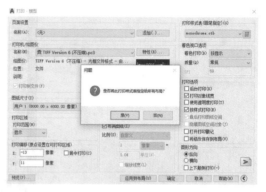
图7-1-26

㉒ 接下来在"打印偏移"对话框，勾选"居中打印"，如图7-1-27所示。

㉓ 在"打印区域"上，选择"窗口"，如图7-1-28所示，勾选打印范围，如图7-1-29所示，图形方向选择"横向"，如图7-1-30所示。

图7-1-27

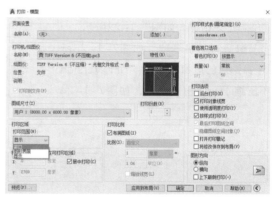
图7-1-28

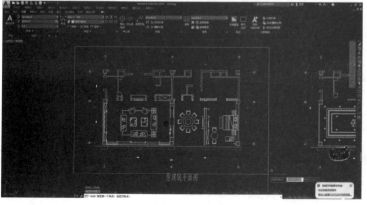
图7-1-29

图7-1-30

㉔ 选择预览，如图7-1-31所示。

㉕ 再次审查图纸，如果确定图纸无误，那么右击鼠标，点击"打印"，如图7-1-32所示。

㉖ 这时会弹出一个保存的对话框，如图7-1-33所示，选择存储路径，可以修改文件名，将打印出来的图保存下来。这样我们就可以把AutoCAD图纸保存为一张分辨率很高的TIFF图片了，图纸很清晰。

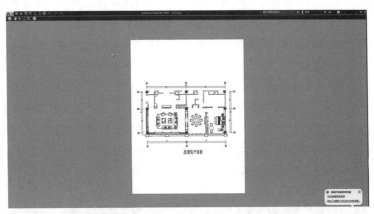

图7-1-31

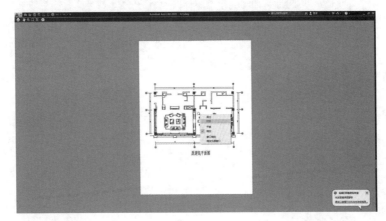

图7-1-32

图7-1-33

任务二 设置打印比例

　　AutoCAD有两种工作环境——模型空间和布局空间。讲到目前为止，我们一直在模型空间中绘图，而图形的输出打印设置是要在图纸空间进行的。我们经常遇到一张图纸有多种比例的图形，该如何处理？在一个文件的模型空间里，按1∶1的比例绘制所有图形。这个模型空间只有一个视图窗口，在设置输出图纸时，在布局中可以建立多个视图窗口，也就是视口。把不同比例的图形放置在不同的视口里，每个视口的比例设置为输出图形所要求的比例，这样就能解决上述问题。

　　布局是一种图纸空间环境，可以把它当作一张现实之中的图纸，一个布局代表一张可以使用一种或多种比例显示视图的图纸，并提供直观的打印设置。在布局中可以创建并放置视口对象，还可以添加标题栏或其他对象和几何图形。在图形中可以创建多个布局以显示不同视图，每个布局可以使用不同的打印比例和图纸尺寸。下面以在A3图纸上布局出图7-2-1为例，说明如何使用布局。

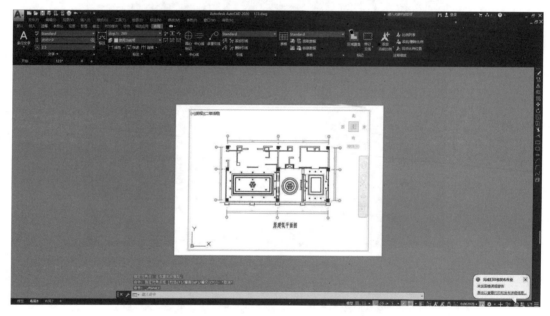

图7-2-1

一、创建布局

　　在默认情况下，绘图区域左下角有两个布局选项，布局1和布局2。在其中一个布局上单击鼠标右键，弹出如图7-2-2所示的右键菜单。选择"新建布局"选项，可以新建一个布局——"布局3"，用同样方法可以新建更多的布局。

图7-2-2

二、设置布局

单击"布局"选项后，图纸从模型空间转换到布局空间，在布局1选项处右击选择"页面设置管理器"，会出现如图7-2-3所示的"页面设置管理器"对话框，点击"修改"按钮，弹出"页面设置"对话框，在这里设置布局，如图7-2-4所示，具体设置如下。

图7-2-3 图7-2-4

① 在"打印机/绘图仪"区域，名称后面的选择框中有可以选用的打印机，如果安装了系统打印机，就选择系统打印机；如果没有，就选择前面添加的虚拟打印机"TIFF Version 6（不压缩）"。

② 在"打印样式表"区域，下面的选择框中有各种打印样式列表。我们打印的是黑白图纸，选择"monochrome.ctb"。选定了打印样式后，其后面的"编辑"按钮变为可用，单击"编辑"，打开如图7-2-5所示的"打印样式表编辑器"对话框，所有图线颜色在打印时都变为黑色，线宽和线型都使用对象本身的设置，这就与绘图中的图层设置密切相关，在图层中设置好图线的线型、线宽。如果图层中没有设置线宽，需要在这里为各种颜色指定线宽。设置时先选颜色，再设定这种颜色代表的线宽。绘图时要约定好哪种颜色代表哪种线，例如，红色代表粗线、蓝色代表中粗线。在这里的设置也不难。如果没有计划好颜色代表的线宽，在这里的设置就会出现问题。所以，一定要养成在前期作图时就做好图层设置的好习惯，这里按默认设置就可以。

③ 在"图纸尺寸"中选择"用户1（8000.00×6000.00像素）"，其他设置不变，均采用默认设置，如图7-2-6所示。

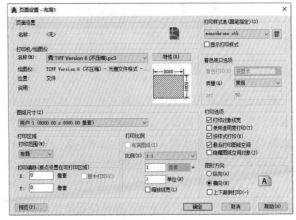

图7-2-5 图7-2-6

这里因为刚才指定了打印机TIFF Version 6（不压缩），所以图纸尺寸中只能选择像素，不能用毫米。

这样布局就设置好了，单击"确定"，进入如图7-2-7所示的图纸空间。

在图纸上系统自动生成一个视图窗口，将模型空间中的图形显示在窗口中，这个窗口称为视口。视口边界的图层为当前图层，一般要为视口边界建立一个图层，如果不显示视口边界，可以将该图层关闭。打开"图层特性管理器"对话框，新建一个名为"视口"的图层。选中视口边界，将其删除，如图7-2-8所示。把鼠标移到任意工具栏上单击右键，弹出工具选项，单击"视口"，调出"视口"工具栏。导入"A3图框"，如图7-2-9所示。

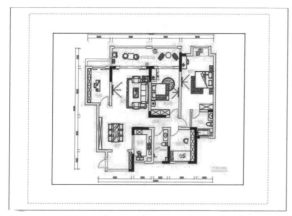

图7-2-7

图7-2-8

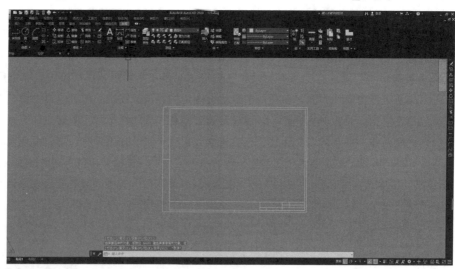

图7-2-9

三、创建布局视口

将视口图层设为当前图层，单击视口工具栏上的单个视口图标 ▣，在图框范围内任意拉出一个新的视口，里面显示整个图形，如图7-2-10所示。将鼠标移动到视口内双击，进入视口模型空间，单击视口工具栏图标，在比例设置框中选择比例1∶150，如图7-2-11所示。再使用平移工具或按住鼠标滚轮将柱子剖面图移到视口的合适位置，如果不能全部显示图形，可以在视口外双击，然后编辑视口的大小，如图7-2-12所示。设置好后，将鼠标移到视口外双击，又回到图纸空间。以相同的方法再建立一个视口，布置亭子立面图。视图比例设置为1∶50，如图7-2-13所示。将视口图层关闭，视口边界不显示，如图7-2-14所示。在图纸空间中输入标题栏文字，将图纸布局设置好后，就可以进行打印，输出图纸。

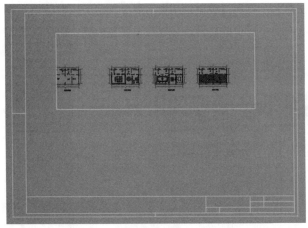

图7-2-10

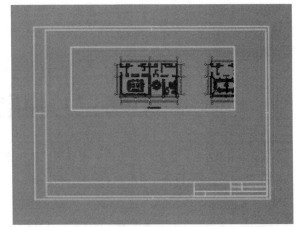

图7-2-11

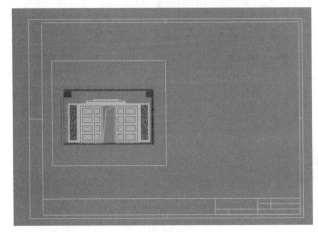

图7-2-12

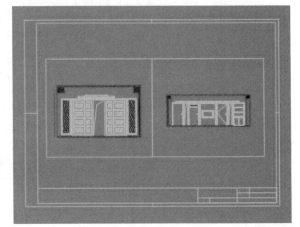

图7-2-13

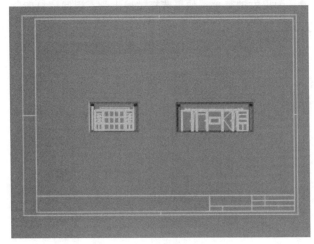

图7-2-14

　　视口相当于一个图形对象，可以对其进行改变大小、移动位置、复制、删除等编辑操作。在使用图纸空间布局时，若发现图形有错误，需要修改，应该回到模型空间进行修改。如果已经设置好了布局，在模型空间修改图形时，不能移动图形，否则视口中显示的图形是不正确的。在视口模型空间中为视口指定了比例后，不能使用屏幕缩放命令，否则会改变设定的比例。如果想查看布局中视口的比例，可以选中视口边界，在视口工具栏的比例设置框里会显示视口的比例值。

任务三　输出图纸——打印

在AutoCAD中，最后打印出来的图纸可以是整个布局，也可以是布局中的一部分。单击菜单"文件"—"打印"，打开如图7-3-1所示的"打印"对话框。

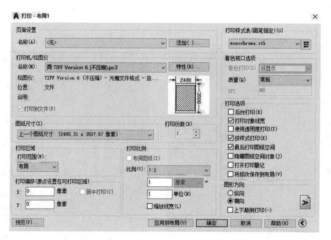

图7-3-1

打印区域可以选择布局，也可以选择窗口。如果选择窗口，到布局空间选择要打印的区域；打印比例为1：1。设置完后单击"预览"，观看打印效果，单击右键，弹出右键菜单，如果选择"退出"，返回"打印"对话框，重新调整设置；如果选择"打印"，可以立即打印图样。

项目八　住宅室内设计图绘制

任务一　绘制住宅室内设计平面图

　　建筑平面图就是假想使用一个水平的剖切面沿门窗洞的位置将房屋剖切后，对剖切面以下部分所做的水平剖面图。建筑平面图简称平面图，主要反映房屋的形状、大小，墙柱的位置、厚度和材料，门窗的位置和类型以及房间的家具布置等，是建筑布置方案的一种简明图解形式。

　　本实例在一套建筑原始平面户型图的基础上进行室内平面布置，先将准备好的原建筑平面图打开，然后根据平面图的特点以及各个房间的功能性，分别对客厅、餐厅、主卧、次卧、客房、厨房、存衣间、书房、阳台、卫生间等进行平面布置设计，再布置地面铺装材料，最后进行尺寸标注、文字标注、图名标注等。

一、绘图前准备

　　① 在进行室内平面图布置绘图之前，首先要绘制相应的建筑平面图；如果有相应的原始建筑平面图，在原图上修改即可。

　　打开"原建筑平面图.dwg"文件，如图8-1-1所示，另存为"平面图.dwg"文件。

　　② 布置室内平面图之前，为了提高绘图的效率，需要进行图层的设置，如图8-1-2所示。

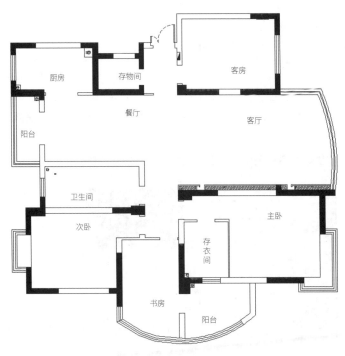

图8-1-1

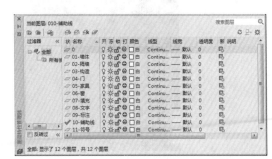

图8-1-2

二、绘制室内门

① 在"常用"选项"图层"面板中，选择"04-门"图层 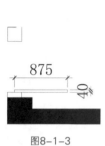，设置为当前图层。执行"矩形（REC）"命令，在客房门洞相应位置绘制 875 mm×40 mm 的矩形，如图8-1-3所示。

② 执行"圆弧（A）"命令，绘制圆弧；将绘制好的圆弧线型改为"DASHED"，如图8-1-4、图8-1-5所示。

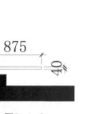
图8-1-3

图8-1-4

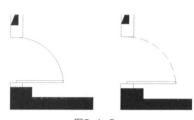
图8-1-5

③ 执行"写块（W）"命令，拾取门的左下角端点，点选转换为块，将绘制好的图形命名为"室内门平面"，点击"确定"保存，如图8-1-6所示。

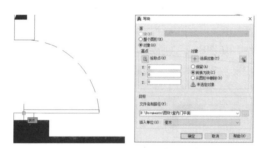
图8-1-6

④ 在图层面板中，选择"04-门"图层 。执行"插入块（I）"命令，在打开的插入对话框中点击"浏览"按钮，选择"室内门平面"，结合"旋转（RO）"命令，将"室内门平面"图块插入到相应位置，如图8-1-7至图8-1-9所示。

图8-1-7

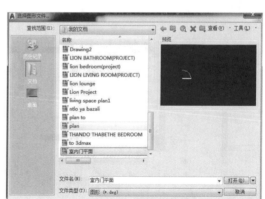
图8-1-8

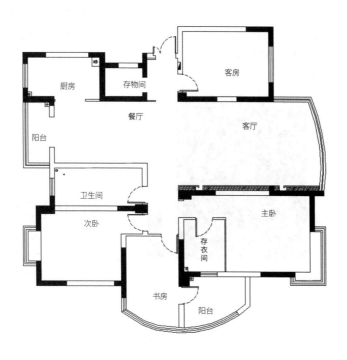

图8-1-9

三、绘制卫生间

① 在图层面板中，选择"01-墙体"图层 ○ ☆ 昏 □ ■ 01-墙体 ▼置为当前图层。执行"直线（L）"命令，绘制卫生间淋浴房管道立柱，如图8-1-10所示。

② 在图层面板中，选择"04-门"图层 ○ ☆ 昏 □ ■ 04-门 ▼置为当前图层。执行"矩形（REC）"命令，绘制824 mm×23 mm的矩形，如图8-1-11所示。

③ 执行"复制（CO）"命令，将绘制好的矩形复制到第一个矩形的中点，如图8-1-12所示。

④ 执行"直线（L）"命令，绘制600 mm、2150 mm线段；执行"偏移（O）"命令，将左边的线段分别偏移70 mm、10 mm、70 mm绘制直线，并将绘制好的台面转换为"05-家具"图层 ○ ☆ 昏 □ ■ 05-家具 ▼，如图8-1-13所示。

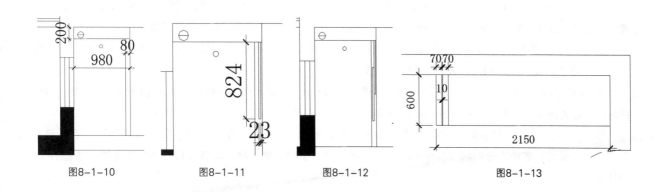

图8-1-10　　　　　图8-1-11　　　　　图8-1-12　　　　　图8-1-13

⑤ 在图层面板中，将"05-家具"图层置为当前图层。执行"插入块（I）"命令，选择"盥洗盆"（图8-1-14）"坐便器"；将"11-符号"图层设为当前图层，将"箭头"块插入图形相应位置（图8-1-15）。至此，卫生间绘制基本完成，如图8-1-16所示。

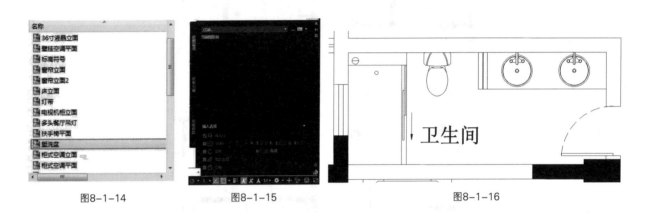

图8-1-14   图8-1-15   图8-1-16

四、绘制厨房、餐厅、阳台

① 在图层面板中，将"04-门"图层置为当前图层。执行"矩形（REC）"命令、"直线（L）"命令和"复制（CO）"命令，在厨房入口位置绘制推拉门的平面图形，如图8-1-17所示。

② 在图层面板中，将"11-符号"图层置为当前图层。执行"插入（I）"命令，选择"箭头"块，结合"镜像（MI）"命令，插入图形相应位置，如图8-1-18所示。

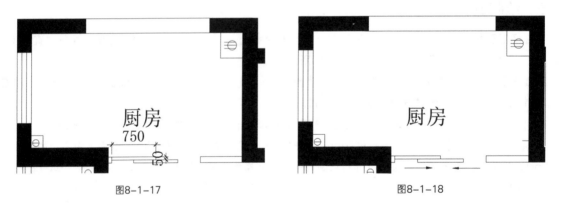

图8-1-17   图8-1-18

③ 执行"矩形（REC）"命令，绘制 80 mm×723 mm 的矩形；执行"复制（CO）"命令，在阳台入口位置绘制推拉门的平面图形，如图8-1-19所示；将绘制好的推拉门图形转换为"04-门"图层。

④ 将"11-符号"图层置为当前图层。执行"插入块（I）"命令，选择"箭头"等图块，结合"镜像（MI）"命令，插入图形相应位置，如图8-1-20所示。

⑤ 执行"偏移（O）"命令，将厨房墙体各偏移 600 mm、600 mm，再执行"倒角（CHA）"命令，对偏移后的线段进行处理，并将绘制好的橱柜轮廓转换为"05-家具"图层，如图8-1-21所示。

⑥ 将"05-家具"图层置为当前图层。执行"插入块（I）"命令，选择"灶台""洗菜池""双开门冰箱""六人餐桌"等块，分别插入厨房和餐厅中，并通过适当的调整、移动将家具摆放到合适位置，如图8-1-22所示。

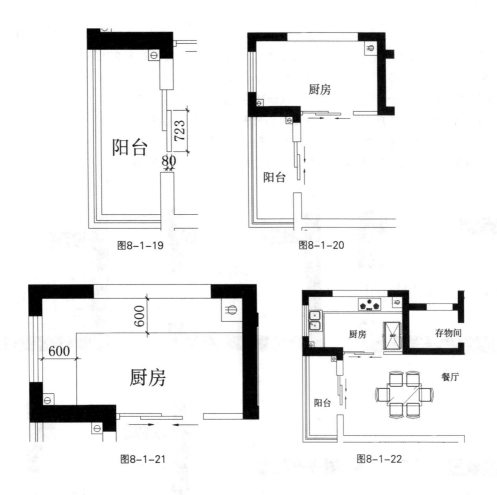

图8-1-19　　　　　　　　图8-1-20

图8-1-21　　　　　　　　图8-1-22

五、绘制存物间

① 在图层面板中，选择"05-家具"图层置为当前图层。执行"矩形（REC）"命令，绘制600 mm×1370 mm的矩形；再执行"偏移（O）"命令，将矩形向内偏移20 mm，如图8-1-23、图8-1-24所示。

② 执行"多线（ML）"命令，设置比例（S）为30、对正（J）为居中（Z），捕捉矩形下方的中点位置绘制挂衣杆，如图8-1-25所示。

③ 执行"直线（L）""复制（CO）""旋转（RO）"等命令绘制衣架示意图，如图8-1-26所示。

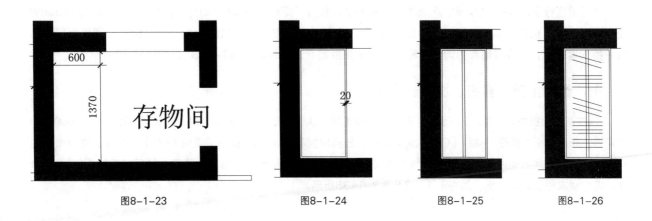

图8-1-23　　　　　图8-1-24　　　　　图8-1-25　　　　　图8-1-26

④ 执行"矩形（REC）"命令，绘制 1270 mm×450 mm 的矩形；执行"偏移（O）"命令将矩形向内偏移 20；执行"直线（L）"命令绘制交叉斜线，表示储物柜剖面，如图8-1-27所示。

⑤ 执行"矩形（REC）"命令，绘制 1270 mm×195 mm、340 mm×870 mm、340 mm×370 mm 的矩形；执行"直线（L）"命令绘制交叉斜线，表示鞋柜剖面，如图8-1-28所示。

⑥ 在图层面板中，选择"04-门"图层为当前图层。执行"矩形（REC）"命令、"直线（L）"命令和"复制（CO）"命令，在存物间入口位置绘制推拉门的平面图形；将"11-符号"图层置为当前图层，执行"插入块（I）"命令，选择"箭头"图块插入相应位置，如图8-1-29、图8-1-30所示。

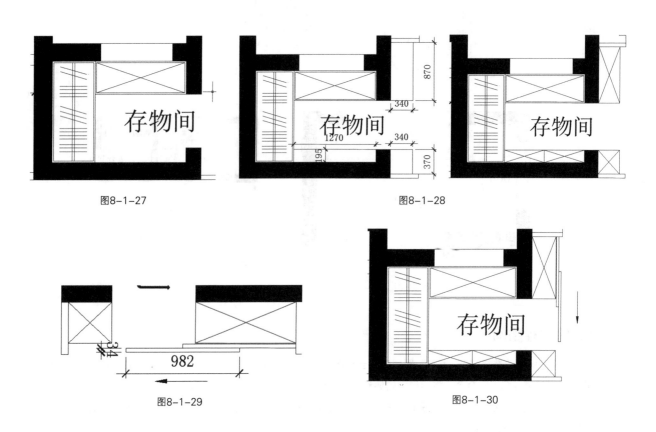

图8-1-27　　　　　　　　　图8-1-28

图8-1-29　　　　　　　　　图8-1-30

六、绘制客厅

在图层面板中，选择"05-家具"图层为当前图层。执行"矩形（REC）"命令，绘制 2500 mm×500 mm 的矩形，表示电视机柜；执行"插入块（I）"命令，选择"液晶电视""休闲沙发"和"柜式空调平面"等图块，插入客厅中，并通过适当的调整、移动将家具摆放到合适位置，如图8-1-31、图8-1-32所示。

七、绘制主卧、客房、次卧、书房

① 在图层面板中，选择"05-家具"图层为当前图层。执行"矩形（REC）"命令，绘制 600 mm×2500 mm 的矩形，表示衣柜；执行"偏移（O）"命令，将矩形向内偏移 20 mm；执行"复制（CO）"命令，将存物间的衣架复制到存衣间衣柜内部；执行"复制（CO）"命令，将衣架图形复制到空余位置；执行"复制（CO）"命令，将右侧衣柜复制到左侧，如图8-1-33至图8-1-36所示。

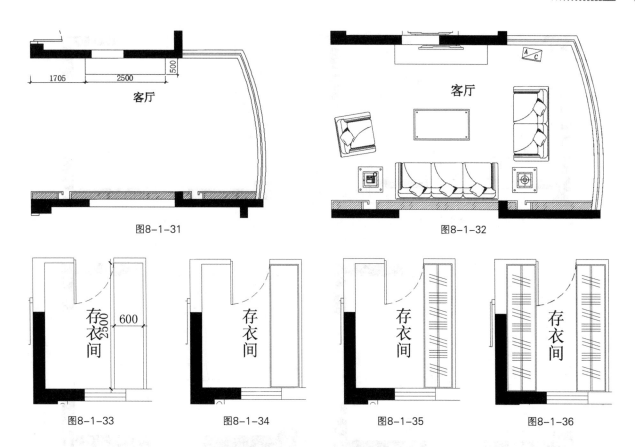

图8-1-31

图8-1-32

图8-1-33　　图8-1-34　　图8-1-35　　图8-1-36

② 执行"矩形（REC）"命令，绘制 1500 mm×500 mm 的矩形；执行"插入块（I）"命令，选择"液晶电视""双人床"，插入到相应位置，如图8-1-37、图8-1-38所示。

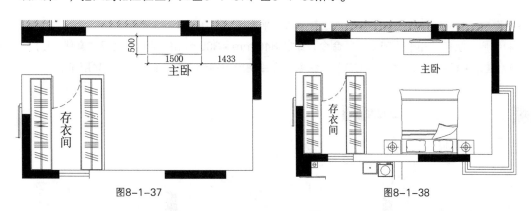

图8-1-37

图8-1-38

③ 将"07-填充"图层 置为当前图层。执行"图案填充（H）"命令，选择填充图案为"AR-CONC"图案，填充比例为"2"，对飘窗进行填充，从而形成飘窗大理石的效果，如图8-1-39所示。

④ 将"05-家具"图层为当前图层。执行"矩形（REC）"命令，绘制 600 mm×1800 mm 的矩形；执行"偏移（O）"命令，将矩形向内偏移 20 mm；执行"复制（CO）"命令，将存衣间的衣架复制到客房衣柜内部；通过"修剪（TR）"命令，修剪多余的图形部分，如图8-1-40所示。

⑤ 执行"矩形（REC）"命令，绘制 1500 mm×500 mm 的矩形；执行"插入块（I）"命令，选择"液晶电视""双人床"，插入到相应位置，如图8-1-41、图8-1-42所示。

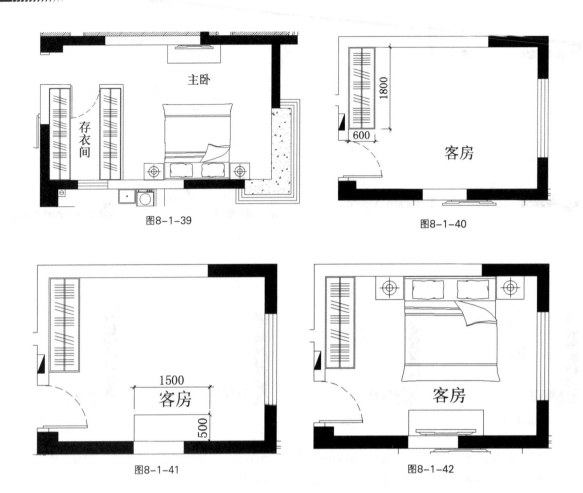

图8-1-39 主卧

图8-1-40 客房

图8-1-41 客房

图8-1-42 客房

⑥ 参照客房绘制，以同样的作图步骤，绘制出次卧平面图，如图8-1-43所示。

⑦ 绘制书房。执行"矩形（REC）"命令，绘制840 mm×300 mm的矩形；执行"直线（L）"命令，绘制交叉直线，表示书柜；执行"复制（CO）"命令，将绘制好的图形复制，如图8-1-44所示。

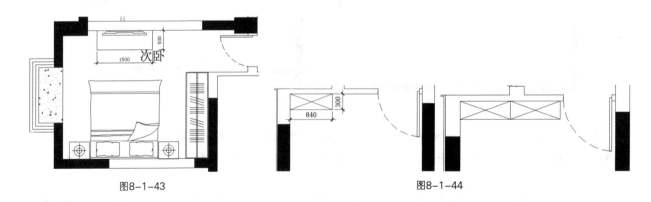

图8-1-43 次卧

图8-1-44

⑧ 执行"矩形（REC）"命令，绘制1500 mm×750 mm的矩形，移动到相应位置；再执行"插入块（I）"命令，选择"扶手椅""咖啡桌椅""洗衣机""拖把池"等，通过"旋转（RO）"等命令，插入到相应位置，如图8-1-45所示。

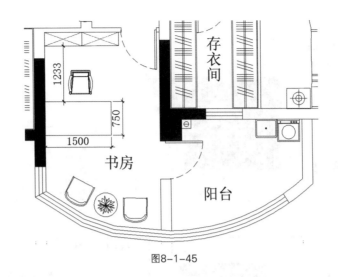

图8-1-45

八、室内平面图的标注

① 将"11-符号"图层置为当前图层，执行"插入块（I）"命令，选择"内视符号"插入到相应位置，如图8-1-46所示。

② 将当前图层设置为"09-标注"图层 🔆☀️🖥📋⬛ ■ 09-标注 ▾，执行"线性标注（DLI）"和"连续标注（DCO）"等命令，对图形进行对象标注和尺寸标注，如图8-1-47所示。

图8-1-46　　　　　　　　　　　　　　　　　　　图8-1-47

③ 执行"多重引线设置（MLS）"命令，打开"多重引线样式管理器"对话框，在样式列表中选择"Standard"样式，单击"新建"按钮，新建"平面引线"引线样式，在引线格式对话框里将箭头符号改为"点"，然后将点的大小设置为"60"，点击"确定"以后将"平面引线"样式设置为当前样式，如图8-1-48至图8-1-51所示。

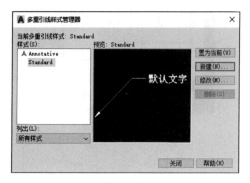

图8-1-48   图8-1-49

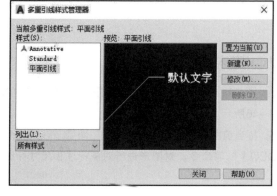

图8-1-50   图8-1-51

④ 将"08-文字"图层 设置为当前图层。执行"多重引线（MLD）"命令，在拉出一条直线后，弹出文字格式对话框，设置文字格式为"仿宋"，字体大小为"250"，根据室内平面布置图进行文字注释，如图8-1-52所示。

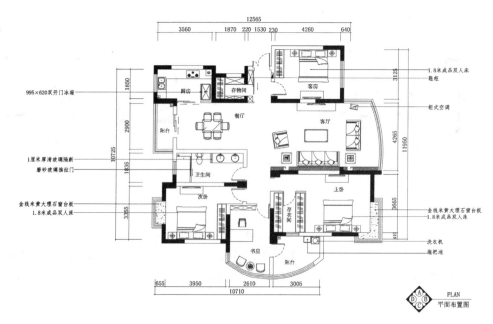

图8-1-52

任务二　绘制地面铺装图

一、绘图前准备

在绘制地面铺装图前，先将"平面布置图"文件打开，并另存为"地面铺装图"。

① 启动AutoCAD，单击"打开"按钮 ，将"平面图.dwg"文件打开，再单击"另存为"按钮🖫，将其命名为"地面铺装图.dwg"。

② 在图层面板中，将"04-门""05-家具""07-填充""11-符号"等图层前面的🔵关闭，这几个图层的图形当前为不可视；再结合"删除（E）"命令，将图形中其他文字对象删除，并修改图名为"地面铺装图"。

③ 将"01-墙体"图层设置为当前图层。执行"直线（L）"命令，将所有门洞封闭，如图8-2-1所示。

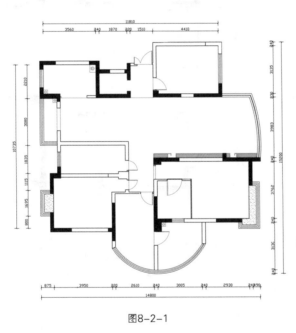

图8-2-1

二、地面轮廓的绘制

① 执行"图层（LA）"命令，新建"12-地面"图层，如图8-2-2所示。

② 执行"偏移（O）"命令，将玄关四周墙线向内各偏移 100 mm；执行"倒角（CHA）"或"修剪（TR）"等命令，对图形进行修剪；将绘制好的地面轮廓转换为"12-地面"图层，如图8-2-3所示。

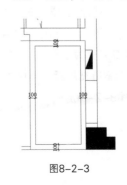

🖾 12-地面　┃　💡　☀　🔓 ■ 白 Continuous　　　——— 默认

图8-2-2　　　　　　　　　　　　　　　　　　　　　图8-2-3

三、文字说明的绘制

① 将"08-文字"图层置为当前图层，执行"多行文字（MT）"命令，设置字体大小为180，对齐方式选择"居中"，按"区域名称、尺寸、材料名称"的顺序输入文字说明对将要填充的主要材质进行文字说明，如图8-2-4所示。

② 将其他的区域按图8-2-5所示命名。

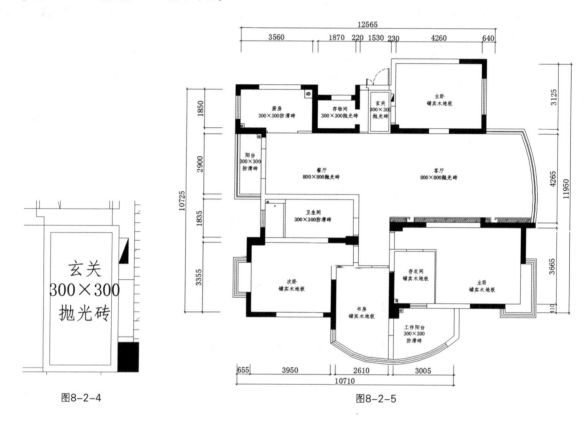

图8-2-4

图8-2-5

四、地面材料填充

地面铺装图通常以图案和文字结合区别地面铺装材料的类别、铺装方向和铺装形式，图案填充命令在施工图绘制中应用广泛。

① 将"07-填充"图层设为当前图层。执行"图案填充（H）"命令，选择类型为"用户定义"。勾选"双向"，间距为"300"，如图8-2-6所示。进行玄关抛光砖的填充，选择"添加：拾取点"按钮，到图形中A点位置点击，如图8-2-7所示，当选择区域四周变为蓝色时，单击回车键确认选区，如图8-2-8所示，回到图案填充编辑器，点击"确定"按钮，完成图案填充。填充结果如图8-2-9所示。

图8-2-6

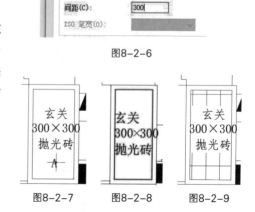

图8-2-7　　图8-2-8　　图8-2-9

② 执行"图案填充（H）"命令，打开图案填充对话框。选择类型为"预定义"，选择图案为"AR-CONC"图案，填充比例为"1"，如图8-2-10所示。选择"添加：拾取点"按钮 添加:拾取点(K)，到图形中B点位置点击，如图8-2-11所示，当选择区域四周变为蓝色时，单击回车键确认选区，如图8-2-12所示，回到图案填充编辑器，点击"确定"按钮，完成图案填充。波打线填充结果如图8-2-13所示。

③ 按照同样的步骤，按照其他地材进行填充，如图8-2-14、图8-2-15所示。

图8-2-10

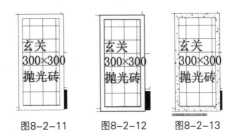

图8-2-11　　图8-2-12　　图8-2-13

门槛石
图案：AR-CONC
比例1

800×800抛光砖
图案：用户定义，双向
间距：800

300×300抛光砖
图案：用户定义，双向
间距：300

300×300防滑砖
图案：ANGLE
比例50

实木地板
图案：DOLNIT
比例20

图8-2-14

图8-2-15

五、绘制地面铺装图标注

将"09-标注"图层置为当前图层。执行"线性标注（DLI）"命令，对地面铺装图中材料的铺设范围进行标注。

地面铺装图绘制完成，同时按"Ctrl"和"S"键保存文件。

任务三　绘制住宅室内设计顶面布置图

本实例主要对住宅室内设计顶面进行设计布置。首先将平面布置图打开，通过整理，保留需要的轮廓，再来绘制天花造型，并插入灯具，最后进行文字注释和标高，布置效果如图8-3-1所示。

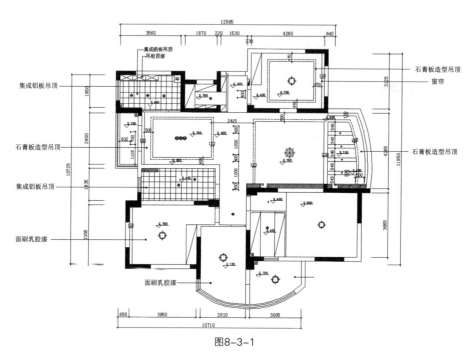

图8-3-1

一、绘图前准备

在绘制顶面布置图前，借用前面绘制好的平面布置图，可以更快更方便地进行天花布置图的绘制。

① 启动AutoCAD 2020，在"快速访问"工具栏中，单击"打开"按钮，将前面绘制好的"平面图.dwg"文件打开，再单击"另存为"按钮，将文件另存为"顶面布置图.dwg"文件。

② 根据绘图要求，执行"删除（E）"命令，将图形中的文字注释、填充图案、门和家具进行删除；再执行"直线（L）"命令，将门洞封闭起来；在下侧修改图名为"天花布置图"，修改结果如图8-3-2所示。

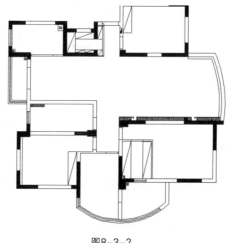

图8-3-2

二、绘制顶面轮廓

整理好图形以后，根据绘制天花要求，执行相应的命令来绘制顶面造型轮廓。

① 执行"图层（LA）"命令，新建一个"13-灯带"图层，设置线型为"ACAD_ISO03W100"，并将图层置为当前图层，如图8-3-3所示。

✔ **13-灯带** ｜ 💡 ☀ 🔓 ■ 白 **ACAD_ISO03W100**

图8-3-3

② 执行"矩形（REC）"命令，分别在客房、餐厅、客厅相应位置绘制矩形，位置及大小如图8-3-4（a）所示；再执行"偏移（O）"命令，将矩形向外偏移120 mm，且将偏移后的矩形转换为"13-灯带"图层，如图8-3-4（b）所示。

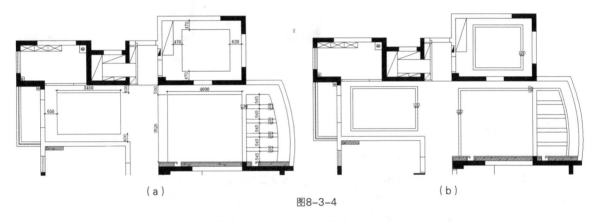

（a）　　　　　　　　　　　　　　　　（b）

图8-3-4

③ 执行"线型比例因子（LTS）"命令，修改线型比例为5，效果如图8-3-5所示。

④ 执行"图层（LA）"命令，新建一个"14-吊顶"图层，并将图层置为当前图层，如图8-3-6所示。

⑤ 执行"偏移（O）"命令，将客房右侧内墙体向左偏移150 mm，作为窗帘盒预留位置，且转换为"14-吊顶"图层，如图8-3-7所示；同样的步骤偏移出"次卧""客厅""餐厅"的窗帘盒位置，如图8-3-8所示。

⑥ 将"07-填充"图层置为当前图层。执行"图案填充（H）"命令，选择"预定义"，图案"ANSI37"，设置角度为45，比例为100，对厨房和卫生间进行填充，形成铝扣天花吊顶，如图8-3-9所示。

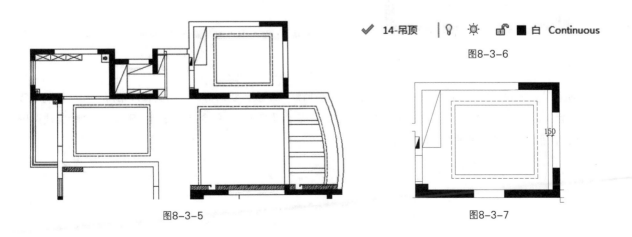

✔ **14-吊顶** ｜ 💡 ☀ 🔓 ■ 白 **Continuous**

图8-3-6

图8-3-5

图8-3-7

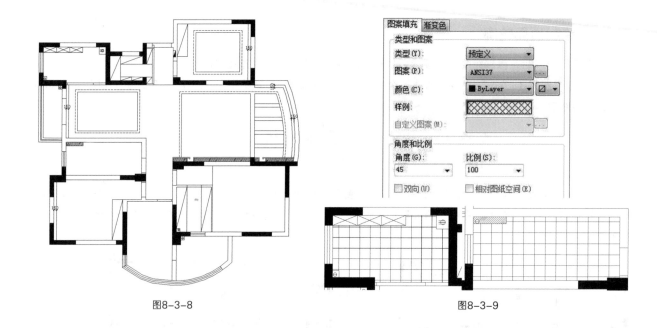

图8-3-8   图8-3-9

三、灯具的布置

在天花造型轮廓布置好以后，接着进行灯具的插入与布置。

① 将"10-辅助线"图层 <kbd>9 ☼ 🔒 ■ 10-辅助线</kbd> 设置为当前图层。执行"直线（L）"命令，在需要安装灯具的地方，通过绘制辅助线的方式来确定灯具的中心位置，如图8-3-10所示。

② 执行"图层（LA）"命令，新建一个"15-灯具"图层，并将该图层设置为当前图层，如图8-3-11所示。

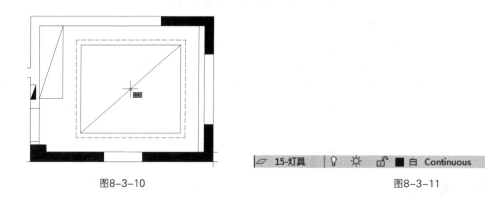

图8-3-10   图8-3-11

③ 执行"插入块（I）"命令，将"装饰吊灯""吸顶灯""嵌入式筒灯""多头餐厅吊灯"和"玻璃罩筒灯"等，插入图形当中，并结合"移动（M）"命令、"复制（CO）"命令、"旋转（RO）"命令完成如图8-3-12所示图形，并将"辅助线"图层关闭。

图8-3-12

四、顶面的标注

在灯具布置好以后，用户就可以对天花布置图进行文字注释、尺寸和标高说明。

① 将"11-符号"图层置为当前图层。执行"插入块（I）"命令，将"标高符号"块插入到图中，并通过"复制（CO）"命令、"移动（M）"命令等对天花布置图进行添加标高符号，再修改不同的标高值，如图8-3-13所示。

图8-3-13

② 将"09-标注"图层置为当前图层。执行"线性标注（DLI）"命令，对天花布置图中造型的地方进行局部尺寸的标注和对灯具的定位，标注效果如图8-3-14所示。

③ 执行"多重引线（MLD）"命令，设置文字为"宋体"，大小为200，对吊顶进行文字注释，如图8-3-15所示。

图8-3-14

图8-3-15

至此，天花布置图绘制完成，同时按"Ctrl"和"S"键进行保存。

任务四　绘制客房立面图

一、室内立面图的形成与表达方式

室内立面图是将房屋的室内墙面按内投影符号的指向，向直立投影面所投的正投影图。它用于反映室内空间垂直方向的装潢设计形式、尺寸与做法、材料与色彩的选用等内容，是装潢工程施工图中的主要图样之一，是确定墙面做法的主要依据。

室内装潢立面图应包含投影方向可见的室内轮廓线和装饰构造、门窗、构配件、墙面做法、固定家具、灯具等内容及必要的尺寸和标高，并需表达非固定家具、装饰物件等情况。室内装潢立面的外轮廓用粗实线表示，墙面上的门窗及凹、凸于墙面的造型用中实线表示，其他的图示内容、尺寸标注、引出线等用细实线表示。

室内装潢立面图的常用比例为 1∶30、1∶40。

二、绘图前准备

在绘制任何一个AutoCAD图形之前，首先要做的就是设置图形单位、图形界限。

① 启动AutoCAD 2020，系统会自建一个空白文件，单击"保存"按钮，将其保存为"客房A立面图"文件。

② 执行"单位（UN）"命令，打开"图形单位"对话框，将长度单位类型设为"小数"，精度为"0.00"，角度单位设定为"十进制度数"，精度为"0.00"，如图8-4-1所示。

③ 执行"图形界限（LIMITS）"命令，根据提示，设定图形界限左下角为（0，0）、右上角为（42000，29700）。

④ 在命令行输入"Z"—"空格"—"A"，使图形界限区全部显示在图形窗口内。规划立面图的图层，执行"图层（LA）"命令，创建相应图层，如图8-4-2所示。

图8-4-1

图8-4-2

三、绘制客房A立面图

1.绘制前准备

在绘制客房A立面之前，需要将相对应的平面布置图截取，按照立面的尺寸轮廓、家具布置等进行布置。

① 打开绘制好的"平面图.dwg"文件。

② 执行"矩形（REC）"命令，在床头背景部分绘制矩形，如图8-4-3所示。

③ 执行"删除（E）"命令，将矩形以外的图形全部删除掉。

④ 将平面背景墙图形置换为"0"图层，在当前图层为"0"图层的情况下，同时按"Ctrl"和"C"键进行复制。

⑤ 返回到"客房A立面图"绘图区域，同时按"Ctrl"和"V"键进行粘贴，结果如图8-4-4所示。

⑥ 同时按"Ctrl""Shift"和"S"键，另存为"案例\05\客房A立面图.dwg"文件。

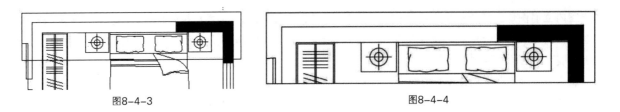

图8-4-3   图8-4-4

2.绘制

① 执行"构造线（XL）"命令，根据命令行提示，经过平面图墙体轮廓绘制垂直构造线，如图8-4-5所示。

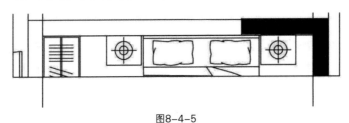

图8-4-5

② 执行"构造线（XL）"命令，绘制一条水平构造线；再执行"偏移（O）"命令，将水平构造线向下偏移2750的距离，偏移出墙体的高度，如图8-4-6所示。

③ 执行"修剪（TR）"命令，将多余的构造线进行修剪，形成立面图的轮廓，将绘制好的立面轮廓转换到"01-轮廓"图层 ♀ ✿ ♫ ☐ ■ 01-轮廓   ，如图8-4-7所示。

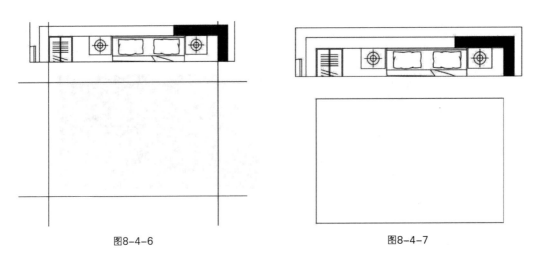

图8-4-6   图8-4-7

④ 执行"偏移（O）"命令，将左侧垂直线段向右偏移600；再将偏移得到的垂直线段向右偏移1830 mm；再将偏移得到的线条向左、向右各偏移900 mm、80 mm，如图8-4-8所示。

⑤ 执行"偏移（O）"命令，将顶部水平线段向下各偏移200 mm、80 mm和2370 mm，如图8-4-9所示。

⑥ 执行"修剪（TR）""删除（E）"命令，修剪和删除线条，结果如图8-4-10所示。

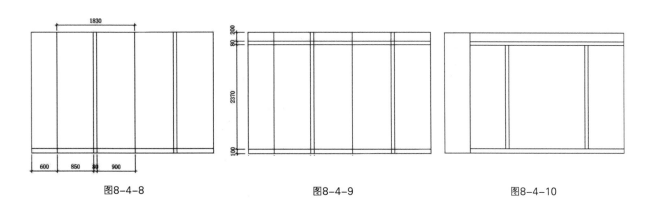

图8-4-8　　　　　　　　　　图8-4-9　　　　　　　　　　图8-4-10

⑦ 将"03-构造"图层 [9 ☼ 📭 🔒 ■ 03-构造 ▼] 设为当前图层。执行"矩形（REC）""直线（L）""修剪（TR）""偏移（O）"等命令，绘制吊顶的剖面轮廓，如图8-4-11、图8-4-12所示。

⑧ 将"02-家具"图层 [9 ☼ 📭 🔒 ■ 02-家具 ▼] 设置为当前图层，再执行"插入块（I）"命令，将"灯带"和"床立面""窗帘侧立面"插入图形相应的位置，如图8-4-13所示。

⑨ 执行"删除（E）"命令，删除图线和块重叠的部分，如图8-4-14所示。

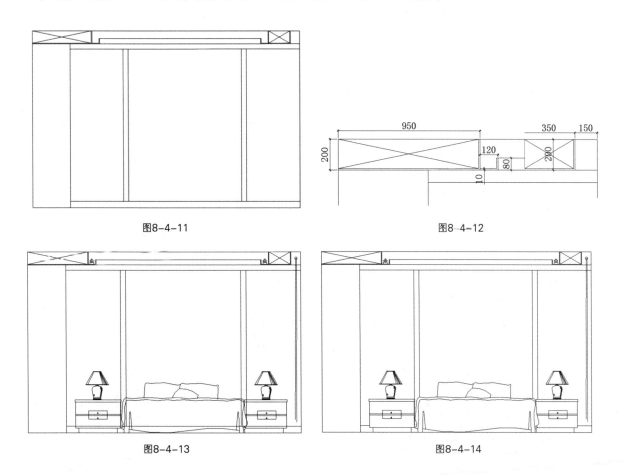

图8-4-11　　　　　　　　　　　　　　　　图8-4-12

图8-4-13　　　　　　　　　　　　　　图8-4-14

⑩ 将"04-填充"图层 [9 ☼ 📭 🔒 ■ 04-填充 ▼] 置为当前图层。执行"图案填充（H）"命令，选择相应图案和比例，对图形进行填充操作，如图8-4-15所示。

图8-4-15

3.对客房A立面图进行标注

① 执行"标注样式（D）"命令，打开"标注样式管理器"对话框，如图8-4-16所示。单击"新建"按钮，打开"创建新标注样式"对话框，"新样式名"为"立面图标注-01"，如图8-4-17所示。单击"继续"按钮，进行新标注样式的设置，如图8-4-18至图8-4-21所示。

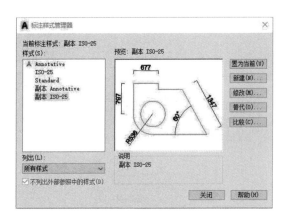

图8-4-16

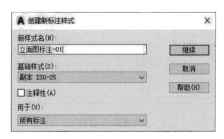

图8-4-17

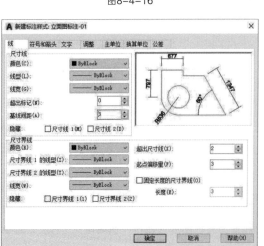

图8-4-18

图8-4-19

图8-4-20　　　　　　　　　　　　　　　图8-4-21

② 将"05-标注"图层设置为当前图层。执行"线性标注（DLI）""连续标注（DCO）"等命令，对立面图进行标注，如图8-4-22所示。

③ 执行"多重引线设置（MLS）"命令，打开"多重引线样式管理器"对话框，选择样式为"Standard"，单击"修改"按钮，选择"圆点"符号，设置多重引线的箭头大小为50，基线距离为150，单击"确定"，如图8-4-23至图8-4-25所示。

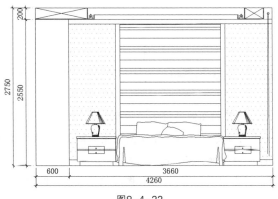
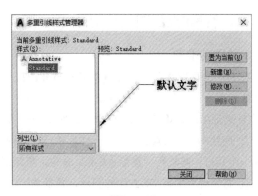

图8-4-22　　　　　　　　　　　　　　　图8-4-23

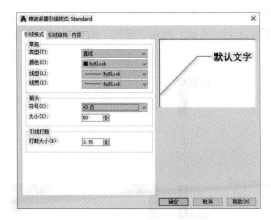

图8-4-24　　　　　　　　　　　　　　　图8-4-25

④ 执行"多重引线（MLD）"命令，设置文字为宋体，大小为80，对客房A立面图进行文字注释，如图8-4-26所示。

⑤ 执行"多段线（PL）"命令，根据命令行提示，设置线宽为20 mm，在图形下侧绘制一条长为1600 mm的多段线，并将多段线向下偏移40 mm，并修改偏移出来的多段线线宽为"默认"；再执行"多行文字（MT）"命令，设置文字为宋体，文字大小为120，对立面图进行图名标注，标注效果如图8-4-27所示。

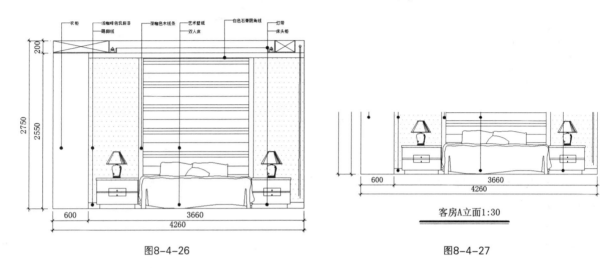

图8-4-26

客房A立面1:30

图8-4-27

客房A立面图绘制完成，同时按"Ctrl"和"S"键进行保存。

四、客房B立面图的绘制

1.绘图前准备

在绘制立面图之前，要先将相应的布置图打开，截取里面与立面图相应的平面图部分，将其调用，再另存为文件。

① 启动AutoCAD 2020，选择"文件/打开"菜单命令，打开前面绘制好的"平面图.dwg"文件。

② 同绘制"客厅A立面图"一样。执行"矩形（REC）"命令，在需要绘制立面图的客房B立面平面图部分绘制一个矩形；再执行"删除（E）"命令，将矩形以外图形删除掉，如图8-4-28所示。

③ 将整理好的客房B立面的图形，置换为"0"图层，且在当前图层为"0"图层的情况下，同时按"Ctrl"和"C"键进行复制，并关闭"平面图.dwg"文件。

④ 打开"客房立面图.dwg"文件，在绘图区域，同时按"Ctrl"和"V"键将复制的图形粘贴进来。同时按"Ctrl""Shift"和"S"键，将文件另存为"客房B立面图.dwg"文件。执行"旋转（RO）"命令，对图形进行-90°旋转，如图8-4-29所示。

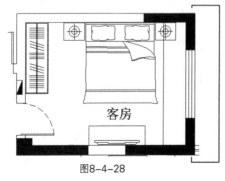

图8-4-28

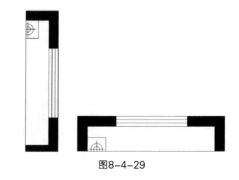

图8-4-29

2.绘制

① 执行"构造线（XL）"命令，根据命令行提示，经过平面图墙体轮廓绘制垂直构造线，如图8-4-30所示。

② 执行"构造线（XL）"命令，绘制一条水平构造线；再执行"偏移（O）"命令，将水平线向下偏移2750的距离，偏移出墙体的高度，如图8-4-31所示。

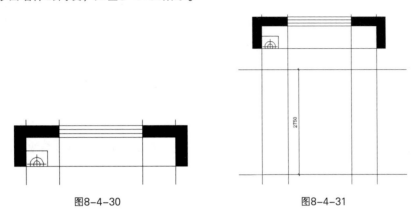

图8-4-30　　　　　　　　　　图8-4-31

③ 执行"修剪（TR）"命令，将多余的构造线进行修剪，形成立面图的轮廓，将绘制好的图形转换到"01-轮廓"图层，如图8-4-32所示。

④ 执行"偏移（O）"命令，从下往上各偏移 100 mm、1000 mm、1200 mm、170 mm、80 mm，再执行"修剪（TR）"命令，形成窗洞轮廓，如8-4-33所示。

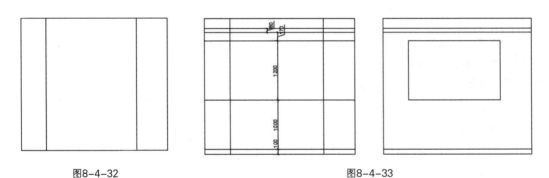

图8-4-32　　　　　　　　　　图8-4-33

⑤ 将当前图层设置为"03-构造"图层。执行"矩形（REC）""直线（L）""修剪（TR）""偏移（O）"等命令，绘制吊顶的剖面轮廓，如图8-4-34所示。

⑥ 执行"镜像（MI）"命令，将绘制好的一侧吊顶镜像复制到另一侧，如图8-4-35所示。

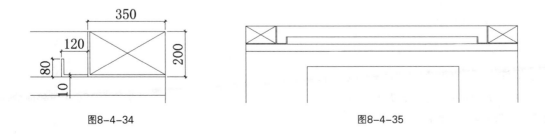

图8-4-34　　　　　　　　　　图8-4-35

⑦ 执行"偏移（O）"命令，将窗洞向外、上、下、左、右各偏移80mm，形成窗框，如图8-4-36所示。

⑧ 执行"等分（DIV）"命令，选择窗洞线段数目为3，将线段等分成3段，如图8-4-37所示。

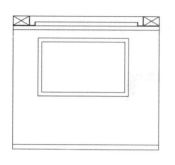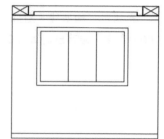

图8-4-36   图8-4-37

⑨ 执行"偏移（O）""修剪（TR）"等命令，将线段偏移60mm，修剪多余线条，如图8-4-38、图8-4-39所示。

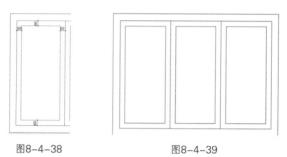

图8-4-38   图8-4-39

⑩ 将"02-家具"图层置为当前图层，再执行"插入块（I）"命令，将"灯带""床侧面""窗帘立面"插入图形相应的位置，如图8-4-40所示。

⑪ 执行"删除（E）"命令，删除图线和块重叠的部分，如图8-4-41所示。

⑫ 将"04-填充"图层置为当前图层。执行"图案填充（H）"命令，选择相应图案和比例，对图形进行填充操作，如图8-4-42所示。

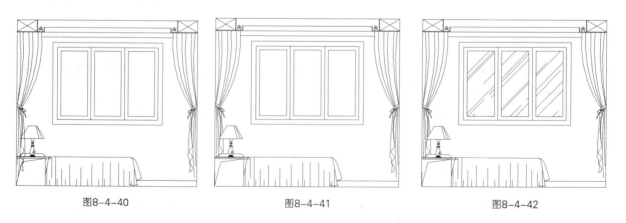

图8-4-40   图8-4-41   图8-4-42

3.标注

① 将"05-标注"图层设置为当前图层。执行"线性标注（DLI）""连续标注（DCO）"等命令，对客房B立面图进行标注，如图8-4-43所示。

②执行"多段线（PL）"命令，根据命令行提示，设置线宽为20 mm，在图形下侧绘制一条长为1600 mm的多段线，并将多段线向下偏移出40 mm，并修改偏移出来的多段线线宽为"默认"；再执行"多行文字（MT）"命令，设置文字为宋体，文字大小为120，对B立面图进行图名标注，标注效果如图8-4-44所示。

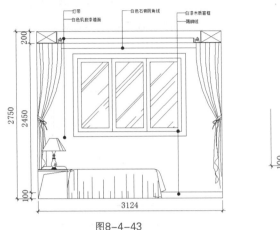

图8-4-43

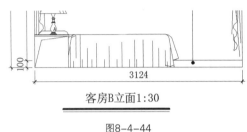

客房B立面1:30

图8-4-44

至此，客房B立面图绘制完成，同时按"Ctrl"和"S"键进行保存。

任务五　绘制构造详图

构造详图也称局部大样图，是用以表达材料的规格以及各材料之间搭接组合关系的详细图示，可详细地表述建筑细部的形状、层次、尺寸、材料和做法等，是施工图中不可缺少的部分。常用的比例有1:1、1:2、1:5、1:10、1:20、1:50。本任务以客房剖面图为例，讲解建筑装饰构造详图的绘制方法与技巧。

一、客房剖面构造详图的绘制

1.绘图前准备

①启动AutoCAD 2020，系统会自动创建一个空白文件，单击"保存"按钮，将其保存为"客房剖面构造详图.dwg"文件。

②执行"图层（LA）"命令，新建"详图""文字""填充"和"标注"四个图层，并将"详图"置为当前图层，如图8-5-1所示。

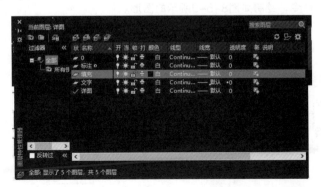

图8-5-1

2.绘制

① 执行"多段线（PL）""偏移（O）"和"修剪（TR）"命令，绘制如图8-5-2所示。

② 执行"多段线（PL）"命令，在剖切面绘制折断线，如图8-5-3所示。

③ 执行"矩形（REC）""移动（M）""复制（CO）"等命令，绘制如图8-5-4所示的灯槽图形。

④ 执行"插入块（I）"命令，插入"灯带"图块，将图形放置到如图8-5-5所示位置。

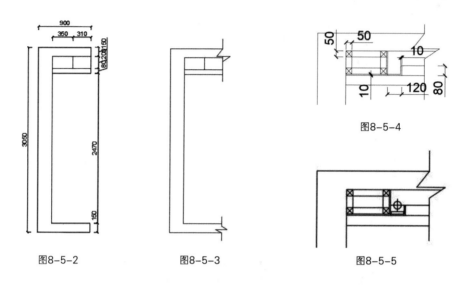

图8-5-2　　　　图8-5-3　　　　图8-5-4

图8-5-5

⑤ 执行"矩形（REC）""移动（M）""复制（CO）"等命令，绘制如图8-5-6所示的龙骨图形。

⑥ 执行"直线（L）"命令，绘制木地板图形，距离墙面留有15的空隙，如图8-5-7所示。

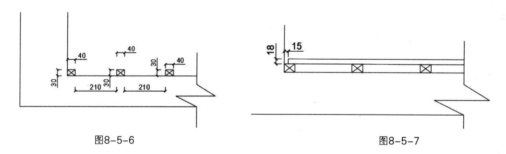

图8-5-6　　　　　　　　　　图8-5-7

⑦ 执行"矩形（REC）""移动（M）""复制（CO）""直线（L）"等命令，绘制如图8-5-8所示的墙面龙骨图形。

⑧ 执行"直线（L）"命令，绘制如图8-5-9所示的图形。

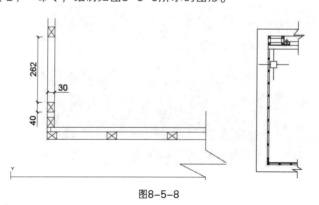

图8-5-8

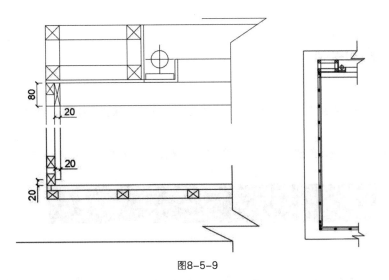

图8-5-9

⑨ 执行矩形命令，绘制 15 mm × 100 mm 的矩形；执行"分解（X）"命令，将矩形分解开；执行"倒角（CHA）"命令，第一个倒角距离为 5，第二个倒角距离为 8；将踢脚线剖面移动到图8-5-10中所示的位置。

⑩ 将"填充"图层设为当前图层。执行"图案填充（H）"命令，效果如图8-5-11所示。

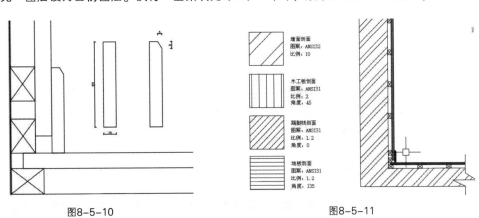

图8-5-10　　　　　　　　　　　　　图8-5-11

3.标注

① 将"标注"图层置为当前图层。执行"线性标注（DLI）"和"连续标注（DCO）"等命令，对图形进行尺寸标注，如图8-5-12所示。

② 将"文字"图层置为当前图层。执行"引线标注（LE）"和"多行文字（MT）"命令，对图形进行文字标注，结果如图8-5-13所示。

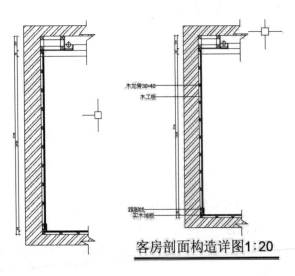

客房剖面构造详图1:20

图8-5-12　　　　　　　　图8-5-13

二、地面构造详图的绘制

1.绘图前准备

① 启动AutoCAD 2020，系统会自动创建一个空白文件，单击"保存"按钮，将其保存为"地面构造详图.dwg"文件。

② 执行"图层（LA）"命令，新建"详图""文字""填充"三个图层，并将"详图"置为当前图层，如图8-5-14所示。

图8-5-14

2.绘制

① 执行"直线（L）"命令，绘制长 300 mm 的水平线段；执行"偏移（O）"命令，将线段向上各偏移120 mm、20 mm、15 mm 和 15 mm，绘制地面分层构造轮廓线，如图8-5-15所示。

② 执行"多段线（PL）"命令，在线段的两端绘制折断线，如图8-5-16所示。

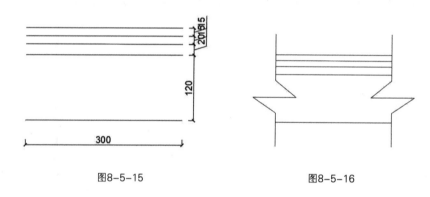

图8-5-15   图8-5-16

③ 将"填充"图层设置为当前图层。执行"图案填充（H）"命令，选择相应图例对地面分层进行图案填充，如图8-5-17所示。

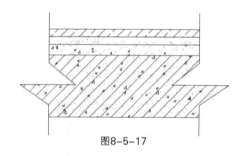

图8-5-17

④ 选择绘制图形，执行"缩放（SC）"命令，将图形整体放大 10 倍。

3.标注

① 将"文字"图层置为当前图层。执行"引线标注（LE）"命令，对图形进行文字注释，如图8-5-18所示。

② 执行"直线（L）"和"多行文字（MT）"等命令，完成图名绘制，效果如图8-5-19所示。

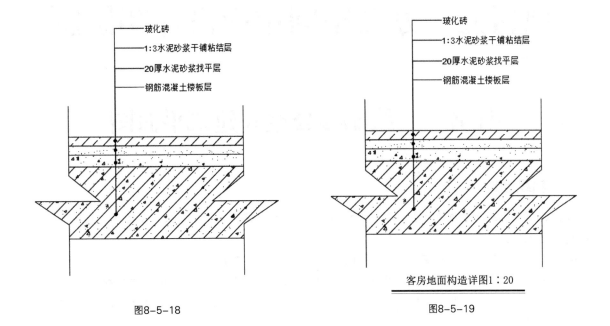

玻化砖
1:3水泥砂浆干铺粘结层
20厚水泥砂浆找平层
钢筋混凝土楼板层

玻化砖
1:3水泥砂浆干铺粘结层
20厚水泥砂浆找平层
钢筋混凝土楼板层

客房地面构造详图1:20

图8-5-18

图8-5-19

项目九　办公空间室内设计图绘制

任务一　绘制办公空间建筑平面图

一、轴线绘制

启动AutoCAD 2020，系统自动创建一个空白文件，执行"保存"命令，将文件存储为"办公空间建筑平面图.dwg"图形文件。

执行"图层（LA）"命令，新建"轴线"图层，并将其置为当前图层。

按"F8"键，打开"正交模式"，执行"直线（L）"命令，绘制相互平行和垂直的轴线，然后执行"偏移（O）"命令，将轴线进行偏移；执行"图层（LA）"命令，新建"标注"图层，并将其置为当前图层，对轴线进行标注，如图9-1-1所示。

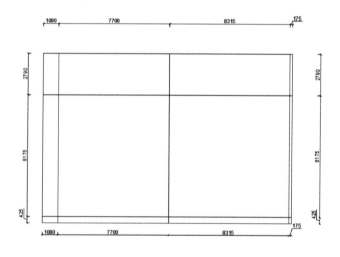

图9-1-1

二、墙线绘制

执行"图层（LA）"命令，新建"墙体"图层，并将其置为当前图层。

执行"直线（L）"命令，绘制墙体，墙体厚度为300 mm，并标出门洞的位置，如图9-1-2所示。

执行"矩形（REC）命令"，绘制柱子，然后执行"修剪（TR）"命令，修剪多余的线条，如图9-1-3所示。

点击图层下拉表，将"轴线"和"标注"图层关闭，执行"图层（LA）"命令，新建"填充"图层，并将其置为当前图层。执行"图案填充（H）"命令，填充柱子，如图9-1-4所示。

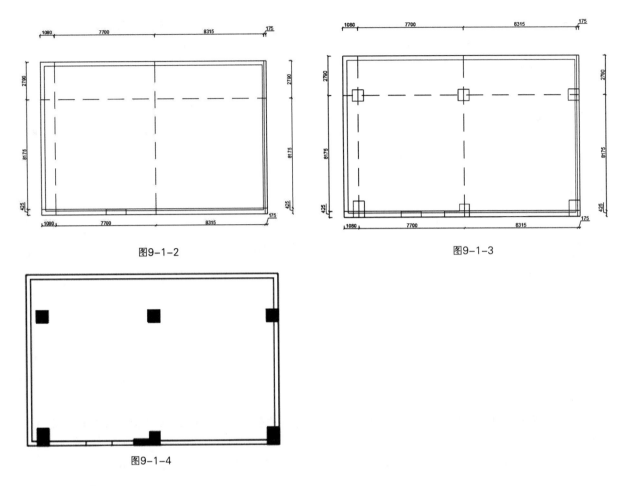

图9-1-2

图9-1-3

图9-1-4

三、门窗绘制

执行"图层（LA）"命令，新建"门窗"图层，并将其置为当前图层，然后执行"偏移（O）"命令，对墙线进行偏移，绘制窗户，完成后将偏移后的线选中，将其转换到"门窗"图层，如图9-1-5所示。

执行"矩形（REC）"命令，绘制 40 mm×900 mm 的矩形。再执行"圆形（C）"命令，以矩形的左下角的端点为圆心，绘制一个半径为 900 mm 的圆，并对圆执行"修剪（TR）"命令，以完成单扇门的绘制，如图9-1-6所示。

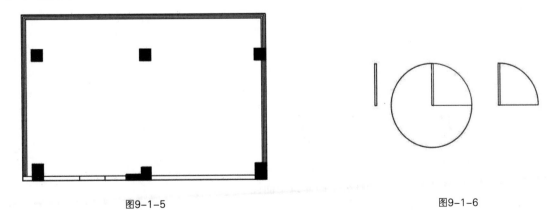

图9-1-5

图9-1-6

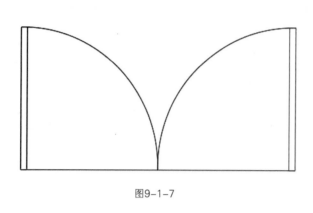

执行"镜像（MI）"命令，将刚刚绘制的单扇门进行镜像，得到双扇门，如图9-1-7所示。

执行"移动（M）"命令，将绘制的双扇门移动到相应的位置，执行"修剪（TR）"命令，修剪多余的线条，如图9-1-8所示。

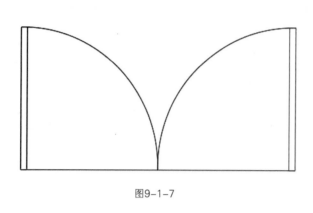

图9-1-7

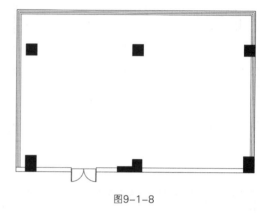

图9-1-8

四、标注图名和尺寸

执行"图层（LA）"命令，打开"标注"图层，并将"标注"图层置为当前图层。执行"直线标注（DLI）"命令，标注图形尺寸，然后，执行"文字（T）"命令，在图形下方正中央输入"建筑原始平面图"，并设置字高为700 mm，作为图名。

执行"多段线（PL）"命令，在图名的下方绘制两条水平的多段线，并将上方的多段线宽度设为50 mm，如图9-1-9所示。

执行"保存"命令，将图纸保存到计算机中。至此，办公空间建筑平面图绘制完成，如图9-1-9所示。

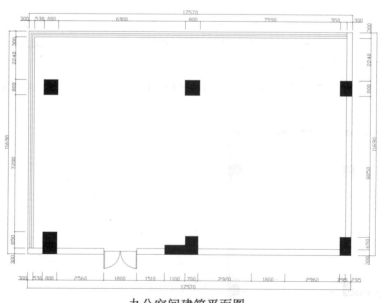

办公空间建筑平面图

图9-1-9

任务二 绘制办公空间墙体改建图

一、隔墙绘制

打开"办公空间建筑平面图.dwg"图形文件，执行"另存为"命令，将文件另存为"办公空间墙体改建图.dwg"图形文件。

点击图层下拉表，将"标注"图层关闭，将"墙体"图层置为当前图层。执行"直线（L）"命令，绘制隔墙，如图9-2-1所示。

二、门窗绘制

点击图层下拉表，将"门窗"图层置为当前图层。执行"矩形（REC）"命令和"圆弧（A）"命令，绘制各个房间的门，如图9-2-2所示。

三、标注图名和尺寸

单击图层下拉表，将"标注"图层打开，并将"标注"图层置为当前图层。调整图形标注尺寸，然后，双击图名，修改文字，将原图名改为"办公空间墙体改建图"，如图9-2-3所示。执行"保存"命令，将图纸保存到计算机中。至此，办公空间墙体改建图绘制完成。

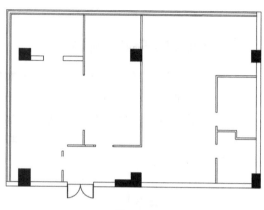

图9-2-1

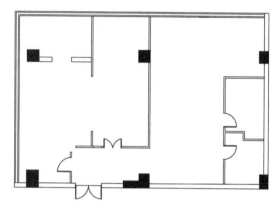

图9-2-2

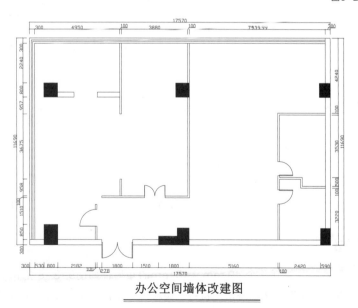

办公空间墙体改建图

图9-2-3

任务三 绘制办公空间平面布置图

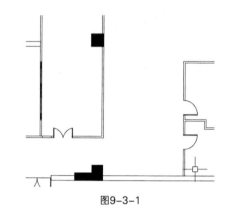

一、绘制玻璃隔断和装饰隔断

打开"办公空间墙体改建图.dwg"图形文件，执行"另存为"命令，将文件另存为"办公空间平面布置图.dwg"图形文件。

单击图层下拉表，并将"墙体"图层置为当前图层。

执行"直线（L）"命令，绘制玻璃隔断和装饰花格的位置，如图9-3-1所示。

图9-3-1

二、绘制装饰木柱

执行"弧线（A）"命令，绘制弧形辅助线，如图9-3-2所示。

执行"矩形（REC）"命令，绘制一个60 mm×100 mm的矩形，然后执行"块定义（B）"命令，把矩形定义为块，名称为"mu"，基点为矩形上方短边的中点，如图9-3-3、图9-3-4所示。

执行"定数等分（DIV）"命令，将弧线定为等分的对象，输入"B"，输入插入块的名称"mu"，等分数为6，如图9-3-5、图9-3-6所示。执行"删除（E）"命令，删除两条弧线，装饰木柱绘制完成，如图9-3-7所示。

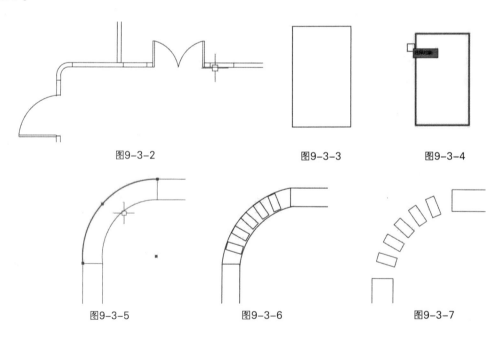

图9-3-2　　　　　　　　图9-3-3　　　　　　　　图9-3-4

图9-3-5　　　　　　　　图9-3-6　　　　　　　　图9-3-7

三、绘制装饰花格

执行"矩形（REC）"命令，绘制一个40 mm×45 mm的矩形，如图9-3-8所示。执行"直线（L）"命令，绘制一条350 mm的直线，如图9-3-9所示。执行"偏移"（O）命令，对刚绘制的直线进行3次偏移，偏移宽度为15 mm，如图9-3-10所示。

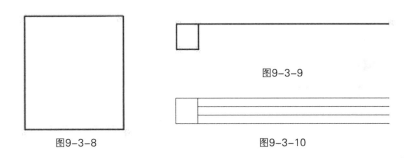

图9-3-8　　　　　　　　　　　图9-3-9

图9-3-10

执行"镜像（MI）"命令，选择矩形框，以直线的中点为轴线进行镜像，如图9-3-11所示。

图9-3-11

装饰花格绘制完成，执行"移动（M）"命令，将绘制好的装饰花格移动到相应的位置，然后执行"复制（CO）"命令，将装饰花格复制到相应的位置，如图9-3-12所示。执行"复制（CO）"命令，将装饰花格复制一个，执行"拉伸（S）"命令，将复制的装饰花格拉长150 mm，如图9-3-13所示。

执行"复制（CO）命令"，将拉伸后的装饰花格复制到相应的位置，如图9-3-14所示。

玻璃隔断和装饰花格绘制完成，如图9-3-14所示。

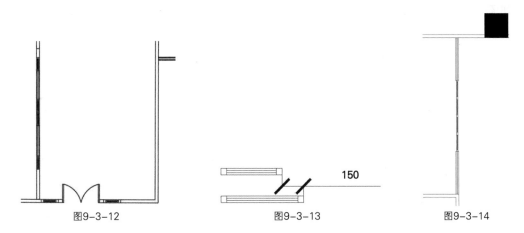

图9-3-12　　　　　　　　　图9-3-13　　　　　　　　图9-3-14

四、标注房间名称

单击图层下拉表，打开"文字标注"图层，并将其置为当前图层。执行"文字（T）"命令，完成各个空间的名称标注，如图9-3-15所示。

五、绘制家具

执行"图层（LA）"命令，新建"家具"图层，并将其置为当前图层。执行"直线（L）"命令，绘制橱柜，如图9-3-16所示。

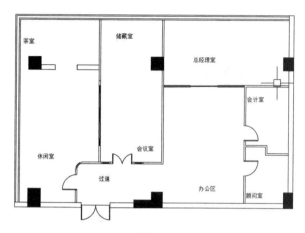
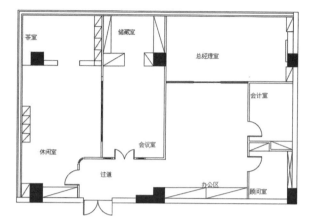

图9-3-15　　　　　　　　　　　　　　　　　图9-3-16

（1）绘制休闲室的条桌。

执行"多段线（PL）"命令，绘制休闲室的条桌，如图9-3-17所示。

（2）绘制茶室桌凳。

执行"样条曲线（SPL）"命令，绘制茶室的茶桌；执行"圆形（C）"命令，半径为200 mm，绘制圆凳，如图9-3-18所示。

（3）绘制会议室会议桌。

执行"矩形（REC）"命令，矩形尺寸为1470 mm×2850 mm，执行"偏移（O）"命令，偏移尺寸为300 mm，如图9-3-19所示。

图9-3-17　　　　　　　　　图9-3-18　　　　　　　　　图9-3-19

（4）绘制办公区圆形地毯。

① 执行"圆形（C）"命令，绘制一个半径为1965 mm的圆形，如图9-3-20所示。

② 执行"圆弧（A）"命令，以圆心为起点，绘制两个圆弧，地毯绘制完成，如图9-3-21所示。

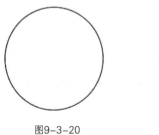

图9-3-20　　　　　　　　　图9-3-21

（5）插入家具。

① 执行"插入块（I）"命令，将所需家具插入相应的位置，如图9-3-22所示。

② 继续执行"插入块（I）"命令，插入植物和其他的工艺品等，然后插入标高符号，执行"文字（T）"命令，添加标高数字，如图9-3-23所示。

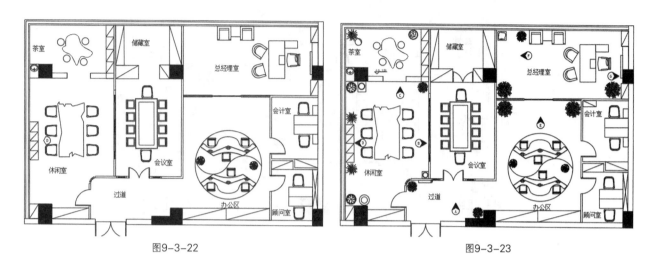

图9-3-22   图9-3-23

③ 执行"引线（LE）"命令，标注图上相应的设施名称，如图9-3-24所示。

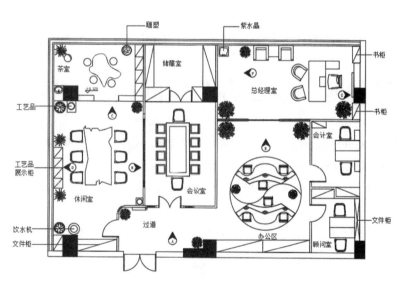

图9-3-24

六、标注尺寸和文字

单击图层下拉表，将"标注"图层打开，并将其置为当前图层。执行"直线标注（DLI）"命令，标注图形尺寸，然后执行"文字（T）"命令，在图形下方正中央输入"办公空间平面布置图"，并设置字高为700 mm，作为图名。

执行"多段线（PL）"命令，在图名的下方绘制两条水平的多段线，并将上方的多段线宽度设为50 mm，如图9-3-25所示。

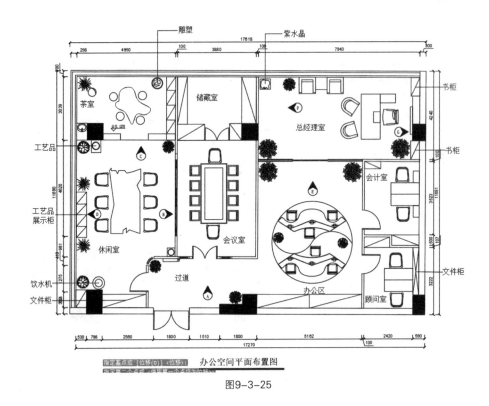

指定基点或 [位移(D)] <位移>
办公空间平面布置图

图9-3-25

执行"保存"命令，将图纸保存到计算机中。至此，办公空间平面布置图绘制完成。

任务四　绘制办公空间顶面布置图

执行"打开"命令，打开前面绘制的"办公空间建筑平面图.dwg"文件，再执行"另存为"命令，将文件另存为"办公空间顶面布置图.dwg"文件。然后将图形中的门删除。

单击图层下拉表，将"标注"图层关闭，然后，执行"图层（LA）"命令，新建"门洞线"图层，并将其置为当前图层。

执行"直线（L）"命令，在门洞口位置绘制直线，将其封闭，如图9-4-1所示。

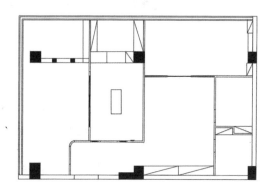

图9-4-1

一、绘制灯具

（1）绘制小筒灯。

① 执行"图层（LA）"命令，新建"灯具"图层，并将其置为当前图层。执行"圆形（C）"命令，绘制一个半径为 60 mm 的圆形，如图9-4-2所示。

② 执行"直线（L）"命令，经过圆心绘制两条直线，如图9-4-3所示。

③ 执行"拉长（LEN）"命令，将直线拉长 30 mm，筒灯绘制完成，如图9-4-4所示。

④ 执行"复制（CO）"命令，将绘制好的筒灯复制到顶面图的相应位置，如图9-4-5所示。

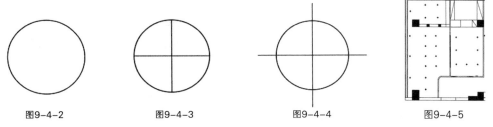

图9-4-2　　　　　　　图9-4-3　　　　　　　图9-4-4　　　　　　　图9-4-5

（2）绘制单头斗胆灯。

① 执行"矩形（REC）"命令，绘制一个尺寸为 245 mm×230 mm 的矩形，如图9-4-6所示。

② 执行"偏移（O）"命令，将矩形向内偏移 23 mm，如图9-4-7所示。

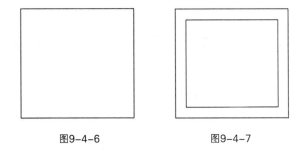

图9-4-6　　　　　　　　　　图9-4-7

③ 执行"圆形（C）"命令，以矩形中心为圆心，绘制一个半径为 80 mm 的圆形，如图9-4-8所示。

④ 执行"偏移（O）"命令，将圆形向内偏移 8 mm，如图9-4-9所示。

⑤ 执行"直线（L）"命令，以圆心为起点，绘制 4 条长度为 45 mm 的直线，如图9-4-10所示。

⑥ 单头斗胆灯绘制完成，执行"复制（CO）"命令，将绘制好的单头斗胆灯复制到图形的相应位置，如图9-4-11所示。

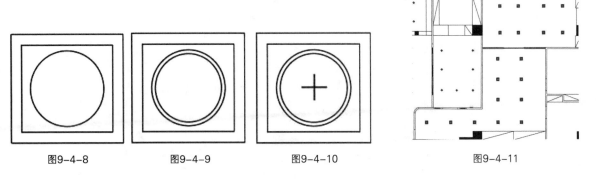

图9-4-8　　　　　　　图9-4-9　　　　　　　图9-4-10　　　　　　　图9-4-11

（3）绘制圆形中式吊灯。

① 执行"圆形（C）"命令，绘制一个半径为218 mm的圆形，如图9-4-12所示。

② 执行"偏移（O）"命令，向内偏移两次，尺寸分别为37 mm和47 mm，如图9-4-13所示。

③ 圆形中式吊灯绘制完成，执行"移动（M）"命令，将绘制好的圆形中式吊灯移动到相应的位置，如图9-4-14所示。

图9-4-12

图9-4-13

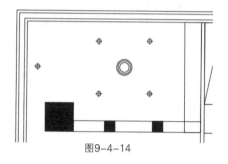

图9-4-14

④ 执行"矩形（REC）"和"圆形（C）"命令，绘制其余的灯具，如图9-4-15所示。

⑤ 执行"插入块（I）"命令，插入标高符号，然后，执行"文字（T）"命令，添加标高数字，如图9-4-16所示。

⑥ 执行"引线（LE）"命令，标注图上相应的灯具名称，如图9-4-17所示。

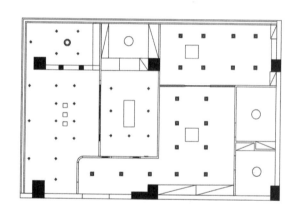

图9-4-15

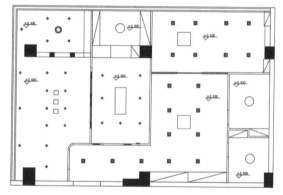

图9-4-16

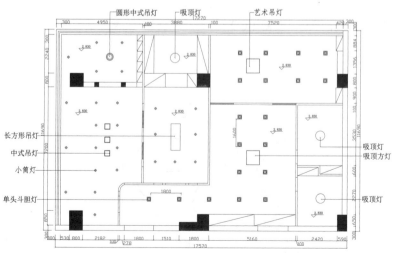

图9-4-17

二、标注尺寸和文字

单击图层下拉表，将"标注"图层打开，并将"标注"图层置为当前图层。

调整图形标注尺寸，然后，双击图名，修改文字，将原图名改为"办公空间顶面布置图"。至此，办公空间顶面布置图绘制完成，如图9-4-18所示。

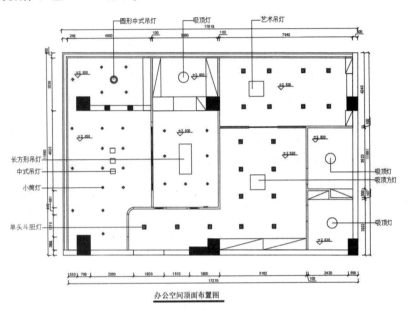

办公空间顶面布置图

图9-4-18

任务五 绘制立面图

一、立面图墙线的绘制

① 执行"打开"命令，打开前面绘制的"办公空间平面布置图.dwg"文件，再执行"另存为"命令，将文件另存为"办公空间立面图.dwg"文件。

② 执行"复制（CO）"命令，将要绘制立面的平面部分，复制到空白处，如图9-5-1所示。

③ 执行"旋转（RO）"命令，将刚刚复制的对象旋转90°，如图9-5-2所示。

④ 单击图层下拉表，将"墙体"图层置为当前图层。

⑤ 执行"直线（L）"命令，在图形的下方绘制一条直线，作为顶面线，如图9-5-3所示。

图9-5-1

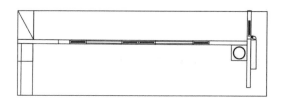

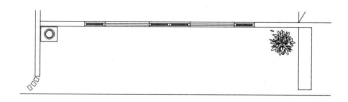

图9-5-2　　　　　　　　　　　　　　　　　　图9-5-3

⑥ 执行"偏移（O）"命令，将顶面线向下偏移2830 mm，得到地面线，如图9-5-4所示。

⑦ 打开"对象捕捉（F3）"，执行"直线（L）"命令，分别捕捉相应的点绘制多条下垂的线，如图9-5-5所示。

⑧ 执行"修剪（TR）"命令，剪去多余的线，如图9-5-6所示。

⑨ 执行"偏移（O）"命令，将地面线向上偏移80 mm，得到踢脚线，将顶面线向下偏移342 mm，得到装饰窗框的上沿线，如图9-5-7所示。

⑩ 执行"修剪（TR）"命令，剪去多余的线，如图9-5-8所示。

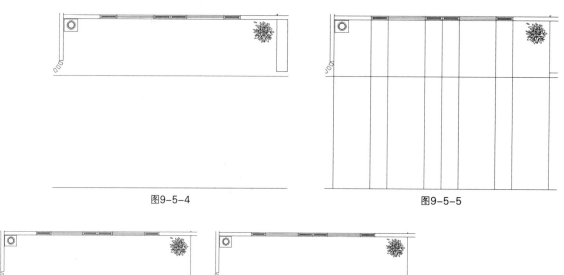

图9-5-4　　　　　　　　　　　　　　　　　　图9-5-5

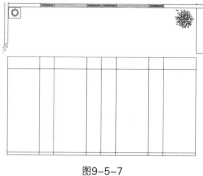

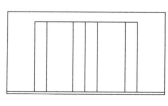

图9-5-6　　　　　　　　　　图9-5-7　　　　　　　　　　图9-5-8

二、家具配饰和文字标注

① 执行"插入块（I）"命令，分别插入装饰花格、灯具、工艺品和绿植等，如图9-5-9所示。

图9-5-9

② 执行"修剪（TR）"命令，剪去多余的线条，如图9-5-10所示。

③ 执行"图案填充（H）"命令，填充表示玻璃的斜线，图案名称为AR—RROOF，角度45°，比例为40，如图9-5-11、图9-5-12所示。

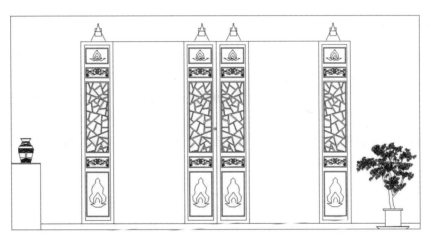

图9-5-10

图9-5-11

图9-5-12

④ 单击图层下拉表，将"文字标注"图层打开，并将"文字标注"图层置为当前图层。

⑤ 执行"引线（LE）"命令，标注图形上的材料和设施名称，如图9-5-13所示。

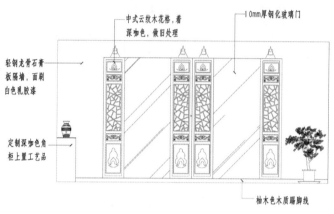

图9-5-13

三、尺寸标注和图名

① 执行"直线标注"命令，标注图形尺寸，然后执行"文字（T）"命令，在图形下方正中央输入"A立面图"，并设置字高为250 mm，作为图名。

② 执行"多段线（PL）"命令，在图名的下方绘制两条水平的多段线，并将上方的多段线宽度设为30 mm，如图9-5-14所示。

③ 执行"保存"命令，将图纸保存到计算机中。至此，办公空间A立面图绘制完成。

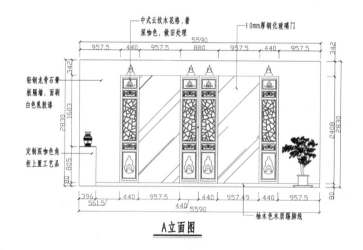

图9-5-14

项目十 餐饮空间室内设计图绘制

任务一 绘制餐饮空间建筑平面图

一、轴线绘制

启动AutoCAD 2020，执行"保存"命令，将文件存储为"餐饮空间建筑平面图.dwg"图形文件。执行"图层（LA）"命令，新建"轴线"图层，并将其置为当前图层。

按"F8"键，打开正交模式，执行"构造线（XL）"命令，绘制相互水平和垂直的构造线，然后执行"偏移（O）"命令，将构造线进行偏移，如图10-1-1所示。

二、墙线绘制

① 执行"图层（LA）"命令，新建"墙体"图层，并将其置为当前图层。执行"直线（L）"命令，绘制墙体，墙体厚度为 240 mm，如图10-1-2所示。

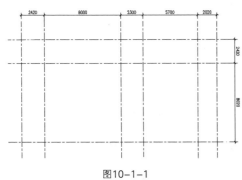

图10-1-1

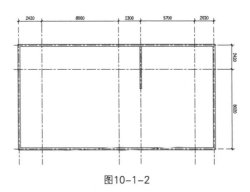

图10-1-2

② 执行"矩形（REC）"命令，绘制柱子尺寸为 600 mm×600 mm，如图10-1-3所示。

③ 执行"图层（LA）"命令，新建"填充"图层，并将其置为当前图层。执行"图案填充（H）"命令，填充柱子和承重墙，如图10-1-4所示。

图10-1-3

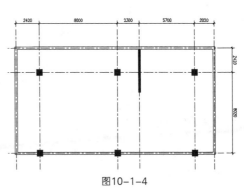

图10-1-4

三、门窗绘制

① 执行"图层（LA）"命令，新建"门窗"图层，并将其置为当前图层。执行"直线（L）"命令，执行"修剪（TR）"命令，确定门窗位置，如图10-1-5所示。

② 执行"偏移（O）"命令，绘制窗户，如图10-1-6所示。

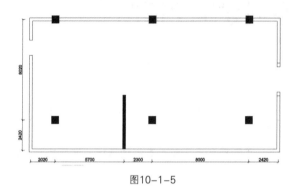

图10-1-5

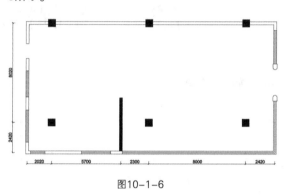

图10-1-6

③ 执行"矩形（REC）"命令，绘制 30 mm×600 mm的矩形。再执行"圆形（C）"命令，以矩形的左下角的端点为圆心，绘制一个半径为 600 mm的圆，并对圆执行"修剪（TR）"命令，完成单开门的绘制，如图10-1-7所示。

④ 执行"镜像（MI）"命令，将刚刚绘制的单扇门进行镜像，得到双扇门，如图10-1-8所示。

图10-1-7

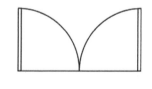

图10-1-8

⑤ 执行"移动（M）"命令，将绘制的双扇门移动到相应的位置，如图10-1-9所示。

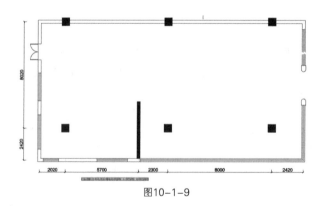

图10-1-9

四、隔墙绘制

① 执行"图层（LA）"命令，新建"隔墙"图层，并将其置为当前图层。执行"直线（L）"命令，绘制隔墙，如图10-1-10所示。

② 执行"直线（L）"命令和"偏移（O）"命令，绘制楼梯，如图10-1-11、图10-1-12所示。

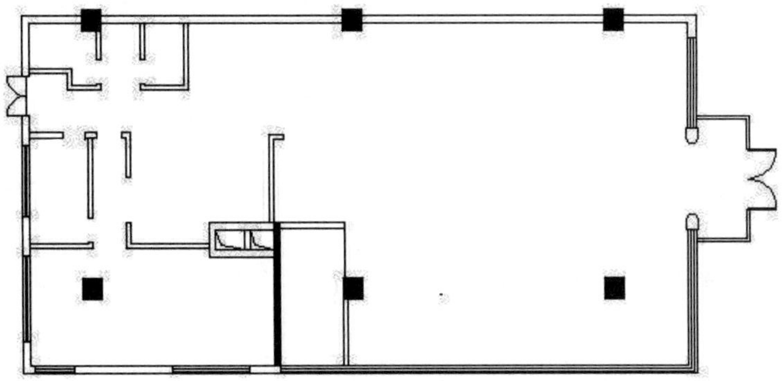

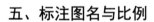

图10-1-10 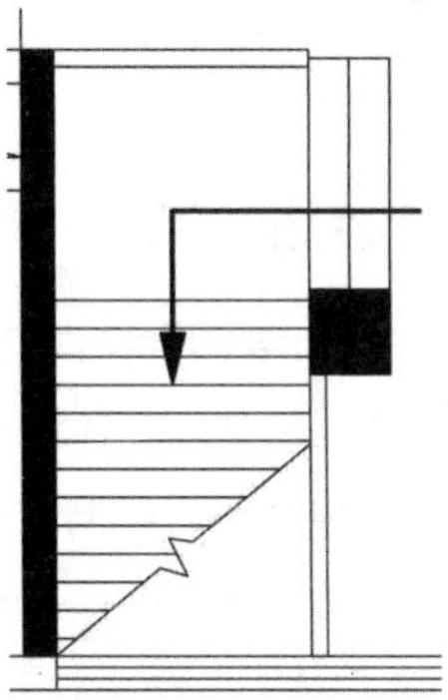
图10-1-11

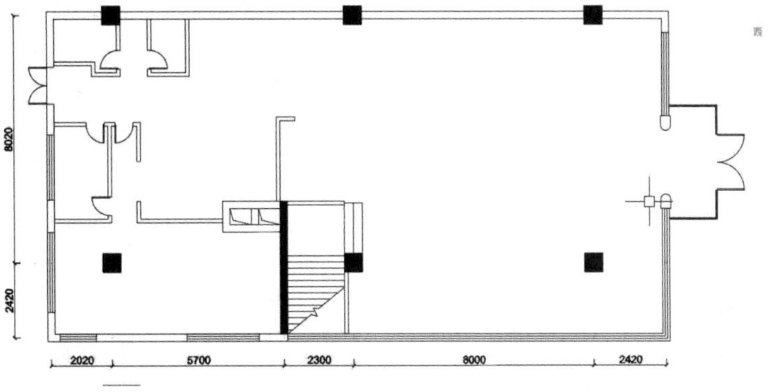

图10-1-12

五、标注图名与比例

单击图层工具栏中的图层控制下拉表，将"标注"图层置为当前图层。执行"文字（T）"命令，在图形下方正中央输入"建筑平面图"，并设置字高为 700 mm，作为图名。以同样的方法，在图名的后方输入"比例 1∶100"，字高为 400 mm。执行"多段线（PL）"命令，在图名和比例的下方绘制两条水平的多段线，并将上方的多段线宽度设为 50 mm。至此，餐饮空间建筑平面图绘制完成，如图10-1-13所示。执行"保存"命令，将图纸保存到计算机中。

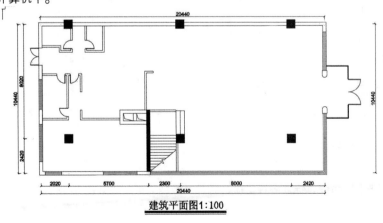

建筑平面图1:100

图10-1-13

任务二 绘制餐饮空间室内设计平面布置图

一、地面铺装图绘制

① 执行"打开"命令，打开前面绘制的"餐饮空间建筑平面图.dwg"图形文件，执行"另存为"命令，将该文件另存为"餐饮空间室内设计地面铺装图.dwg"。

单击图层工具栏中的图层控制下拉表，将"墙体"图层置为当前图层。执行"直线（L）"命令，在相应的门洞处绘制门洞线，如图10-2-1所示。

② 执行"图层（LA）"命令，新建"铺装"图层，并将其置为当前图层。

执行"直线（L）"命令和"偏移（O）"命令，绘制大厅600 mm×600 mm金线米黄石材，如图10-2-2所示。

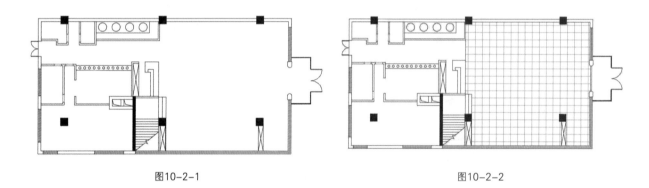

图10-2-1　　　　　　　　　　　　　　　　　　图10-2-2

③ 再以同样的方法绘制工作区450 mm×450 mm地砖，如图10-2-3所示。

④ 执行"图案填充（H）"命令，选择ANGLE图案，角度为0，比例为40，拾取需要填充的区域，填充效果如图10-2-4所示。

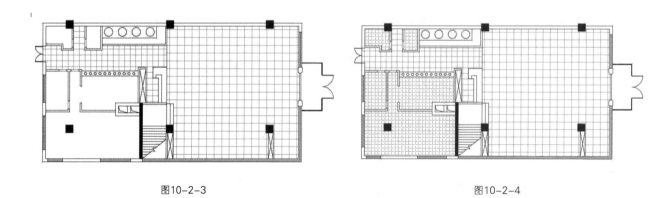

图10-2-3　　　　　　　　　　　　　　　　　　图10-2-4

⑤ 执行"引线（LE）"命令，标注各种材质的名称，最终完成效果如图10-2-5所示。

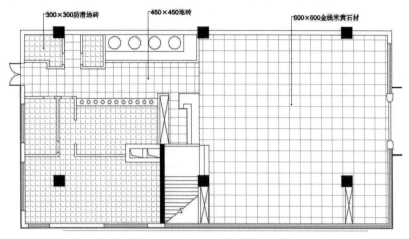

300×300防滑地砖　　450×450地砖　　600×600金线米黄石材

图10-2-5

二、空间造型绘制

① 打开"餐饮空间建筑平面图.dwg"图形文件，将文件另存为"餐饮空间平面布置图.dwg"。执行"图层（LA）"命令，新建"造型设施"图层，并将其置为当前图层。执行"直线（L）"命令，绘制造型墙，执行"矩形（REC）"命令，绘制 60 mm×2100 mm 的矩形，完成就餐区隔断，如图10-2-6所示。

② 执行"直线（L）"命令，绘制橱柜，如图10-2-7所示。

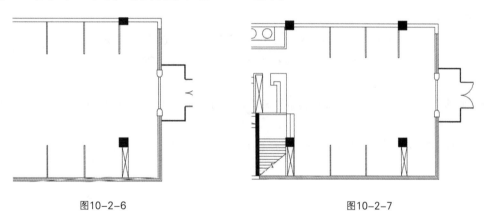

图10-2-6　　　　　　　　　　　　　　图10-2-7

③ 绘制吧台。

A.执行"直线（L）"命令，绘制吧台轮廓，如图10-2-8所示。

B.执行"偏移（O）"命令，偏移尺寸300 mm，如图10-2-9所示。

C.执行"圆角（F）"命令，半径为0，如图10-2-10所示。

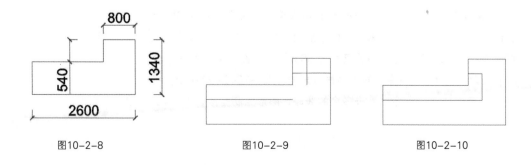

图10-2-8　　　　　　　　　　图10-2-9　　　　　　　　　图10-2-10

D.执行"直线（L）"和"圆形（C）"命令，绘制调料台，然后执行"阵列（AR）"命令，如图10-2-11所示。

④ 绘制海鲜明档。

A.执行"直线（L）"命令，绘制海鲜明档外框，执行"偏移（O）"命令，如图10-2-12所示。

B.执行"圆形（C）"命令和"偏移（O）"命令，绘制海鲜池，然后再执行"复制（CO）"命令，复制4个海鲜池，如图10-2-13所示。

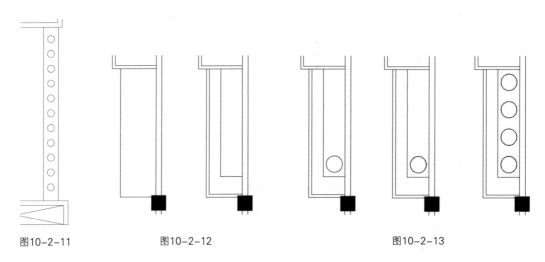

图10-2-11　　　　　图10-2-12　　　　　图10-2-13

⑤ 绘制弧形座椅。

A.执行"圆形（C）"命令，绘制半径为700 mm的圆形，如图10-2-14所示。

B.执行"直线（L）"命令，绘制圆形的直径，然后执行"修剪（TR）"命令，得到半圆，如图10-2-15所示。

C.执行"偏移（O）"命令，对圆弧进行偏移三次，分别偏移550 mm、650 mm和750 mm，如图10-2-16所示。

D.执行"延伸（EX）"命令，然后执行"修剪（TR）"命令，如图10-2-17所示。

图10-2-14　　　　　图10-2-15　　　　　图10-2-16　　　　　图10-2-17

E.执行"镜像（MI）"命令，对图形进行两次镜像，如图10-2-18所示。

F.执行"移动（M）"命令，将上面的图形向下移动400 mm，如图10-2-19所示。

G.执行"偏移（O）"命令，偏移尺寸为50 mm，如图10-2-20所示。

H.执行"延伸（EX）"命令，对弧线进行延伸，如图10-2-21所示。

I.执行"修剪（TR）"命令，剪去多余的线段，图形绘制完成，如图10-2-22所示。

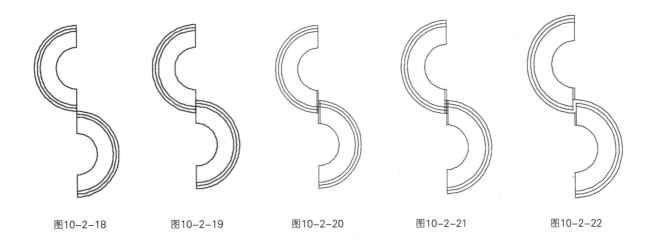

图10-2-18　　　　图10-2-19　　　　图10-2-20　　　　图10-2-21　　　　图10-2-22

三、家具插入

执行"图层（LA）"命令，新建"家具"图层，并将其置为当前图层。

执行"插入块（I）"命令，将所需家具插入到相应的位置上，如图10-2-23所示。

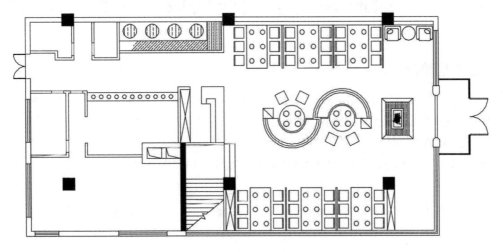

图10-2-23

四、标注尺寸与文字

执行"图层（LA）"命令，新建"标注"图层，并将其置为当前图层。执行"线性标注（DLI）"和"连续标注（DCO）"命令，对图纸进行标注，然后执行"文字（T）"命令，标注空间区域的名字，如图10-2-24所示。执行"文字（T）"命令，在图形下方正中央输入"餐饮空间平面布置图"，并设置字高为700 mm，作为图名。以同样的方法，在图名的后方输入"比例1∶100"，字高为400 mm。执行"多段线（PL）"命令，在图名和比例的下方绘制两条水平的多段线，并将上方的多段线宽度设为50 mm，如图10-2-24所示。

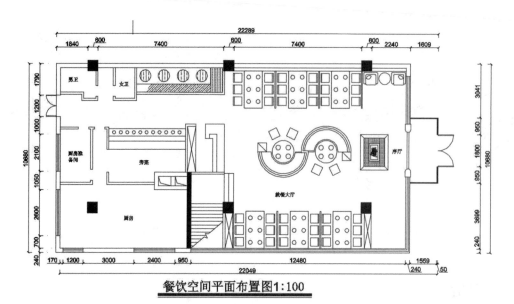

餐饮空间平面布置图1:100

图10-2-24

任务三 绘制餐饮空间室内设计顶面布置图

一、顶面造型绘制

① 执行"打开"命令,打开前面绘制的"餐饮空间建筑平面图.dwg"文件,再执行"另存为"命令,将文件另存为"餐饮空间顶面布置图.dwg"文件。然后将图形中的门删除,如图10-3-1所示。

② 执行"图层(LA)"命令,新建"门洞线"图层,并将其置为当前图层。

执行"直线(L)"命令,在门洞口位置绘制直线将其封闭,如图10-3-2所示。

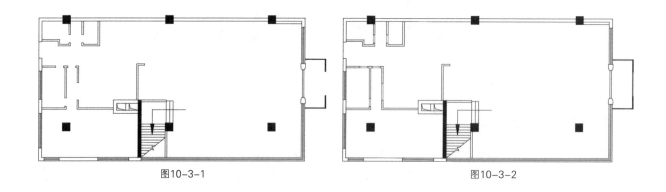

图10-3-1   图10-3-2

③ 执行"图层(LA)"命令,新建"顶面造型"图层,并将其置为当前图层。执行"直线(L)"命令,绘制顶面造型,如图10-3-3所示。

④ 执行"圆形(C)"命令,绘制灯池,如图10-3-4所示。

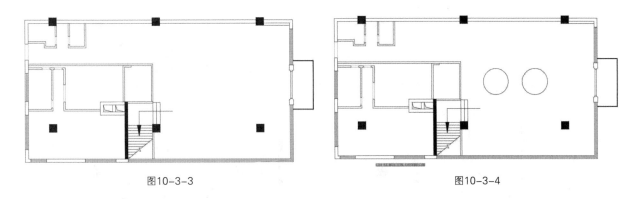

图10-3-3   图10-3-4

二、装饰造型绘制

① 执行"矩形（REC）"命令，绘制 600 mm×1700 mm 的矩形。执行"偏移（O）"命令，向内偏移三次，偏移尺寸分别为 20 mm、80 mm 和 100 mm。执行"图层（LA）"命令，新建"填充"图层，并将其置为当前图层。执行"图案填充（H）"命令，选择AR-RROOF图案，角度为45，比例为15，如图10-3-5所示。

② 执行"移动（M）"命令，把绘制的装饰图形移动到相应的位置，然后执行"复制（CO）"命令，将装饰图形复制到顶面相应位置，如图10-3-6所示。

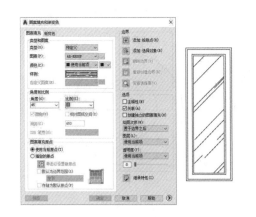

图10-3-5

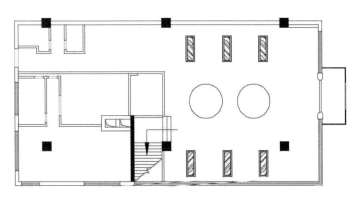

图10-3-6

三、灯具绘制

1.绘制筒灯

① 执行"图层（LA）"命令，新建"灯具"图层，并将其置为当前图层。执行"圆形（C）"命令，绘制一个半径为 60 mm 的圆形，如图10-3-7所示。

② 执行"直线（L）"命令，经过圆心绘制两条直线，如图10-3-8所示。

③ 执行"拉长（LEN）"命令，将直线拉长 30 mm，筒灯绘制完成，如图10-3-9所示。

④ 执行"复制（CO）"命令，将绘制好的筒灯复制到顶面图的相应位置，如图10-3-10所示。

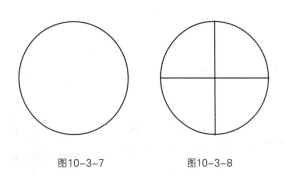

图10-3-7   图10-3-8

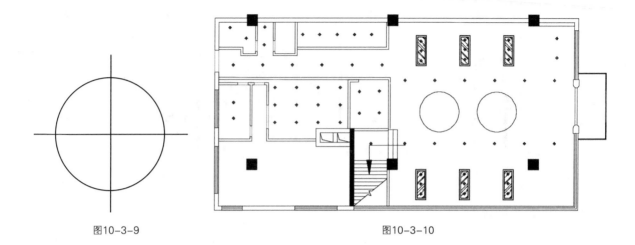

图10-3-9   图10-3-10

2.绘制吊灯

① 执行"复制（CO）"命令，复制一个筒灯到圆形灯池的中心，执行缩放（SC）命令，将图形放大 1.5 倍，如图10-3-11所示。

② 执行"偏移（O）"命令，将圆形向外偏移 80 mm，如图10-3-12所示。

③ 再次执行"缩放（SC）"命令，将两条直线放大 2 倍，吊灯图形绘制完成，如图10-3-13所示。

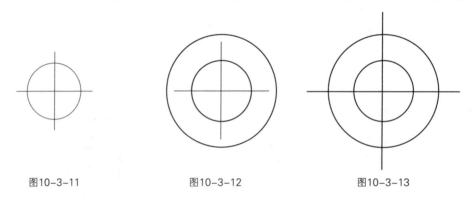

图10-3-11   图10-3-12   图10-3-13

④ 执行"复制（CO）"命令，将吊灯复制一个到另一个圆形灯池中，如图10-3-14所示。

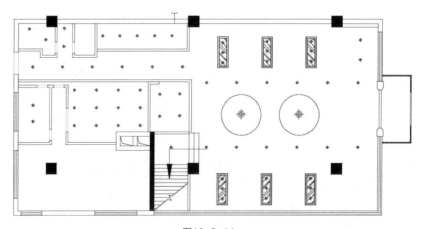

图10-3-14

⑤ 执行"图层（LA）"命令，新建"灯带"图层，并将其置为当前图层。执行"偏移（O）"命令，将顶面造型的直线偏移100 mm，将偏移后的直线线型改为虚线，然后将虚线转换到"灯带"图层，灯带绘制完成，如图10-3-15所示。

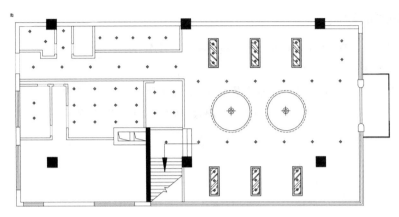

图10-3-15

四、标高和尺寸标注

① 在图层控制下拉列表中，选择"标注"图层，作为当前图层。

② 执行"直线（L）"命令，绘制标高符号，如图10-3-16所示，对顶面进行标高标注。

③ 执行"引线（LE）"命令，标注顶面的材质。

④ 执行"文字（T）"命令，在图形的下方正中央输入"餐饮空间顶面布置图"，字高为700 mm，在图名的后方输入比例"1∶100"，字高为400 mm。

⑤ 执行"多段线（PL）"命令，在图名和比例的下方绘制两条水平的多段线，并将上方的多段线宽度设为50 mm，如图10-3-17所示。

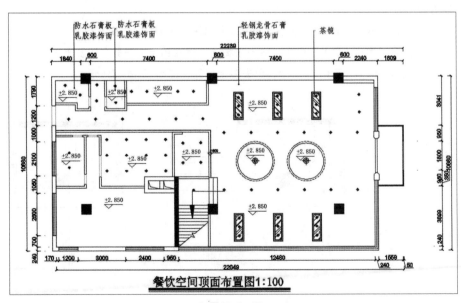

图10-3-16　　　　　　　　　　　　　　　　　　图10-3-17

任务四 绘制餐饮空间室内设计立面图

一、立面图墙线的绘制

① 执行"打开"命令，打开前面绘制的"餐饮空间平面布置图.dwg"文件，再执行"另存为"命令，将文件另存为"餐饮空间立面图.dwg"文件。

执行"复制（CO）"命令，将要绘制立面的平面部分，复制到空白处，如图10-4-1所示。

② 执行"旋转（RO）"命令，将刚刚复制的对象旋转-90°，如图10-4-2所示。

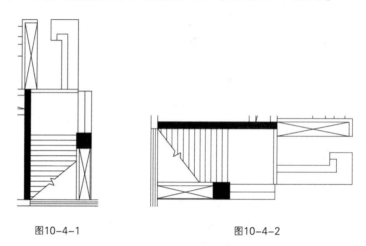

图10-4-1   图10-4-2

③ 单击图层下拉表，将"墙体"图层置为当前图层。

执行"直线（L）"命令，在图形的下方绘制一条直线，作为顶面线，然后执行"偏移（O）"命令，将顶面线向下偏移 2500 mm，得到地面线，如图10-4-3所示。

④ 打开"对象捕捉（F3）"，执行"直线（L）"命令，分别捕捉相应的点绘制多条下垂的线，如图10-4-4所示。

⑤ 执行"修剪（TR）"命令，剪去多余的线，如图10-4-5所示。

⑥ 执行"偏移（O）"命令，得到踢脚线、楼梯踏步、服务台以及上部造型尺寸，如图10-4-6所示。

⑦ 执行"修剪（TR）"命令，剪去多余的线，如图10-4-7所示。

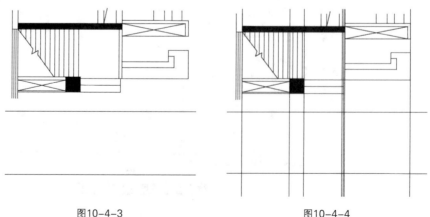

图10-4-3   图10-4-4

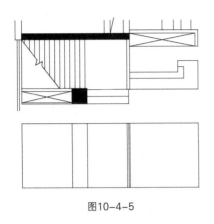

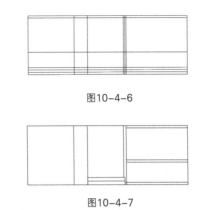

图10-4-6

图10-4-5

图10-4-7

二、绘制立面造型

（1）绘制柱面造型。

① 执行"直线（L）"命令，绘制柱面造型，如图10-4-8所示。

② 执行"圆角（F）"命令，对图形相应位置进行圆角，半径为80 mm，如图10-4-9所示。

（2）装饰柜造型绘制。

① 执行"偏移（O）"命令，偏移20 mm，绘制装饰柜的外框，然后执行矩形命令，绘制内部的小框，再执行"偏移（O）"命令，把小框偏移20 mm，如图10-4-10、图10-4-11所示。

② 执行"直线（L）"命令，绘制装饰柜的斜角线，如图10-4-12所示。

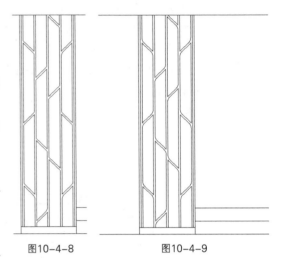

图10-4-8　　　　　　图10-4-9

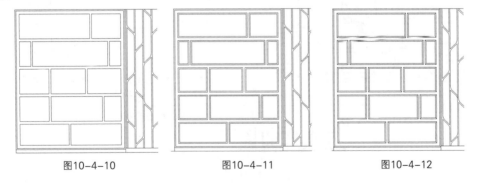

图10-4-10　　　　　　图10-4-11　　　　　　图10-4-12

（3）填充。

① 单击图层下拉列表，将"填充"图层置为当前图层。执行"图案填充（H）"命令，选择AR-RROOF图案，角度45，比例 20，填充装饰柜面的茶镜；执行"图案填充（H）"命令，选择ANGLE图案，角度为0，比例为40，填充服务台的皮革硬包；再次执行"图案填充（H）"命令，选择AR-CONC图案，角度为0，比例为0.5，填充服务台的人造石台面，如图10-4-13所示。

② 执行"直线（L）"命令，绘制中空符号，如图10-4-14所示。

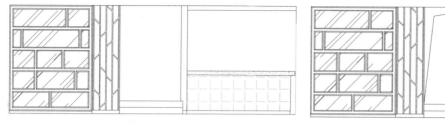

图10-4-13

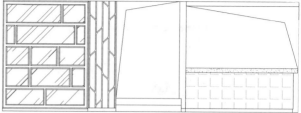

图10-4-14

三、尺寸和文字标注

① 单击图层下拉表，将"标注"图层打开，并将"文字标注"图层置为当前图层。

② 执行"引线（LE）"命令，标注图形上的材料名称，如图10-4-15所示。

③ 执行"直线标注"命令，标注图形尺寸，然后执行"文字（T）"命令，在图形下方正中央输入"大堂立面图"，并设置字高为250 mm，作为图名。

④ 执行"多段线（PL）"命令，在图名的下方绘制两条水平的多段线，并将上方的多段线宽度设为30 mm，如图10-4-15所示。

⑤ 执行"保存"命令，将图纸保存到计算机中。至此，大堂A立面图绘制完成。

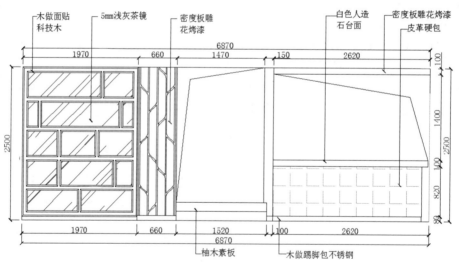

大堂立面图

图10-4-15

项目十一 住宅小区景观设计图绘制

任务一 绘制景观轮廓

一、建筑轮廓线绘制

① 新建"建筑轮廓"图层，设置颜色，并将其置为当前图层。

② 执行"多段线（PL）"命令，设置线宽为100 mm，绘制建筑轮廓，如图11-1-1所示。

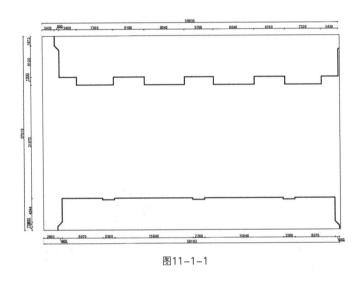

图11-1-1

二、道路绘制

① 新建"道路"图层，设置颜色，并将其置为当前图层，执行"直线（L）"命令，绘制道路，如图11-1-2所示。

② 新建"曲径"图层，设置颜色，并将其置为当前图层，执行"样条曲线（SPL）"和"圆形（C）"命令，绘制弯曲的道路和圆形休闲空间轮廓，圆形半径分别为2500 mm和3550 mm，如图11-1-3所示。

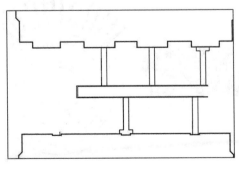

图11-1-2

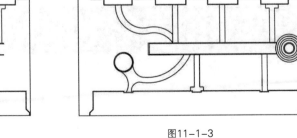

图11-1-3

任务二　绘制景观小品

一、花架绘制

① 新建"花架"图层，设置颜色，并将其置为当前图层，选择圆形休闲空间外轮廓线，执行"偏移（O）"命令三次，偏移宽度分别为300 mm、900 mm和300 mm，如图11-2-1所示。

② 执行"直线命令（L）"命令，以圆心为起点绘制两条直线，确定花架的长度，如图11-2-2所示。

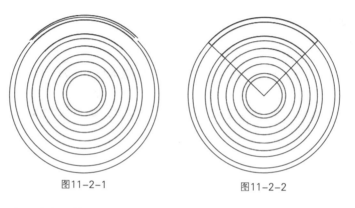

图11-2-1　　　　　　　　图11-2-2

③ 执行"修剪（TR）"命令，剪去多余的线条，如图11-2-3所示。

④ 执行"多段线（PL）"命令，线宽为160 mm，绘制花架的木枋，如图11-2-4所示。

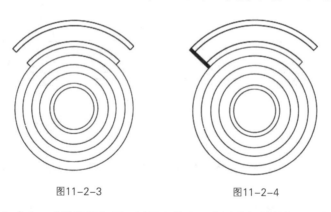

图11-2-3　　　　　　　　图11-2-4

⑤ 执行"阵列（AR）"命令，参数设置如图，以圆心为中心点，花架绘制完成，如图11-2-5所示。

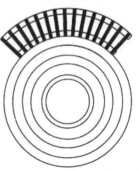

图11-2-5

二、景观亭绘制

① 新建"景观亭"图层，设置颜色，并将其置为当前图层。

② 执行"圆形（C）"命令，绘制一个半径为 2500 mm的圆形，如图11-2-6所示。

③ 执行"偏移（O）"命令，分别偏移 200 mm、1200 mm和 1894 mm，如图11-2-7所示。

④ 执行"直线（L）"命令，绘制一条直线，如图11-2-8所示。

图11-2-6　　　　　　　　　图11-2-7　　　　　　　　　图11-2-8

⑤ 执行"阵列（AR）"命令，以圆心为中心，项目总数为 30，如图11-2-9所示。

⑥ 执行"修剪（TR）"命令，修剪多余的线条，景观亭绘制完成，如图11-2-10所示。

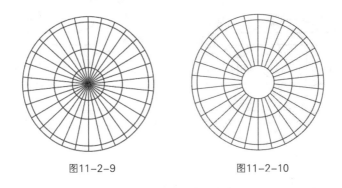

图11-2-9　　　　　　　　　图11-2-10

三、绘制水体

执行"样条曲线（SPL）"和"直线（L）"命令，绘制水体轮廓线，如图11-2-11所示。

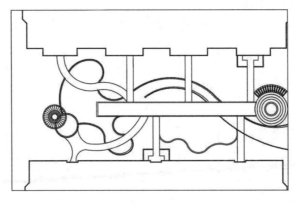

图11-2-11

四、绘制景石

① 新建"景石"图层，设置颜色，并将其置为当前图层。

② 执行"多段线（PL）"命令，绘制景石轮廓，线宽为 60 mm，如图11-2-12所示。

③ 执行"多段线（PL）"命令，绘制景石纹理，线宽为 1 mm，景石绘制完成，如图11-2-13所示。

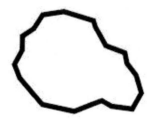 

图11-2-12　　　　　　　　　　图11-2-13

④ 以同样方法再绘制四个景石，将绘制的五个景石复制到相应位置，如图11-2-14所示。

⑤ 执行"修剪（TR）"命令，修剪景石下方的水体轮廓线，如图11-2-15所示。

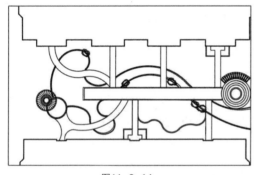 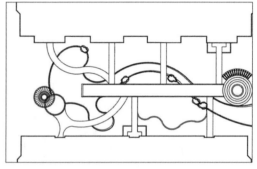

图11-2-14　　　　　　　　　　　图11-2-15

五、绘制园桥

① 新建"园桥"图层，设置颜色，并将其置为当前图层。

② 执行"矩形（REC）"命令，绘制一个 1500 mm×2800 mm 的矩形，如图11-2-16所示。

③ 执行"分解（X）"命令，对矩形进行分解，然后执行"偏移（O）"命令，将矩形的长边向内偏移，偏移尺寸为 120 mm，如图11-2-17所示。

④ 再次执行"偏移（O）"命令，将矩形的短边向内偏移两次，尺寸分别为 260 mm 和 520 mm，如图11-2-18所示。

图11-2-16　　　　图11-2-17　　　　图11-2-18

⑤ 执行"修剪（TR）"命令，剪去多余的线段，如图11-2-19所示，园桥绘制完成。

⑥ 执行"移动（M）"命令，将园桥移动到相应的位置，并执行"修剪（TR）"命令，剪去多余的线条，如图11-2-20所示。

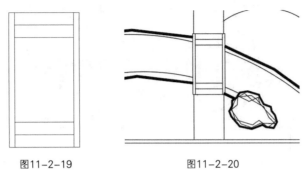

图11-2-19　　　　　　　图11-2-20

任务三　绘制景观植物和文字标注

一、绘制灌木

① 新建"灌木"图层，设置颜色，并将其置为当前图层。

② 执行"样条曲线（SPL）"和"修订云线（Revcloud）"命令，绘制灌木丛形状图形，如图11-3-1所示。

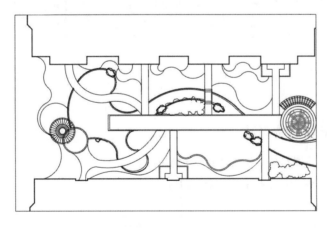

图11-3-1

二、绘制填充图案

① 新建"填充"图层，设置颜色，并将其置为当前图层。

② 执行"图案填充（H）"命令，对水体、道路和沙坑以及灌木等区域进行填充，如图11-3-2所示。

三、绘制乔木

① 新建"乔木"图层，设置颜色，并将其置为当前图层。

② 执行"插入块（I）"命令，将所需的乔木图例插入到图中相应的位置，并调整其大小，如图11-3-3所示。

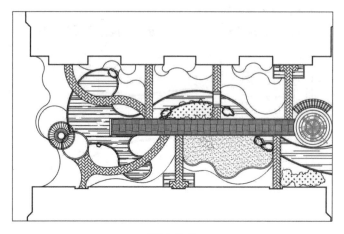

图11-3-2

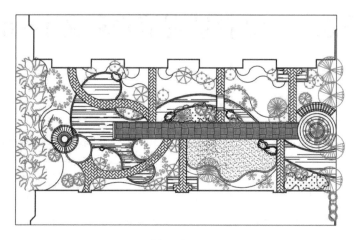

图11-3-3

四、标注景观设施和植物名称

① 新建"文本"图层，设置颜色，并将其置为当前图层。

② 执行"引线（LE）"命令，绘制引线，如图11-3-4所示。

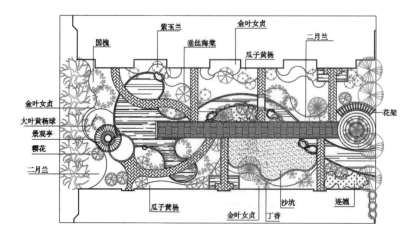

图11-3-4